Python 机器学习算法

原理、实现与案例

刘硕 著

清华大学出版社
北京

内 容 简 介

本书用平实的语言深入浅出地介绍当前热门的机器学习经典算法，包括线性回归、Logistic 回归与 Softmax 回归、决策树（分类与回归）、朴素贝叶斯、支持向量机、K 近邻学习、K-Means 和人工神经网络，针对每一个算法首先介绍数学模型及原理，然后根据模型和算法描述使用 Python 编程和 Numpy 库进行算法实现，最后通过案例让读者进一步体会算法的应用场景以及应用时所需注意的问题。

本书适合准备进入人工智能和数据分析与挖掘领域的初学者，对机器学习算法感兴趣的爱好者、程序员、大学生和各类 IT 培训班的学员使用。

图书在版编目（CIP）数据

Python 机器学习算法：原理、实现与案例/刘硕著. —北京：清华大学出版社，2019（2023.1重印）
ISBN 978-7-302-53650-5

Ⅰ. ①P… Ⅱ. ①刘… Ⅲ. ①软件工具—程序设计 ②机器学习 Ⅳ. ①TP311.561②TP181

中国版本图书馆 CIP 数据核字（2019）第 186637 号

责任编辑：王金柱
封面设计：王 翔
责任校对：闫秀华
责任印制：宋 林

出版发行：清华大学出版社
网 址：http://www.tup.com.cn，http://www.wqbook.com
地 址：北京清华大学学研大厦 A 座 **邮 编：**100084
社 总 机：010-83470000 **邮 购：**010-62786544
投稿与读者服务：010-62776969，c-service@tup.tsinghua.edu.cn
质 量 反 馈：010-62772015，zhiliang@tup.tsinghua.edu.cn
印 装 者：涿州市般润文化传播有限公司
经 销：全国新华书店
开 本：170mm×240mm **印 张：**13.5 **字 数：**303 千字
版 次：2019 年 11 月第 1 版 **印 次：**2023 年 1 月第 3 次印刷
定 价：69.00 元

产品编号：083701-01

前　言

近年来，机器学习技术已经渗透到我们日常生活的各个方面，比如网上购物时的商品推荐、浏览网页时的广告推送、手机拍照后的图像处理、电子邮箱中的垃圾邮件过滤、停车场出入口的车牌识别、各种游戏中的机器人玩家以及汽车厂商正在研发的无人驾驶等，机器学习技术的应用随处可见，并且它的发展极其迅猛，在更多领域令人兴奋（或恐惧）的应用已被研发出来或正在研发中。

尤瓦尔•赫拉利在其畅销书《未来简史》中表明了一个观点：未来的世界由机器学习算法掌控。当了解到像谷歌、苹果、亚马逊、IBM 这样的大公司投入巨资用于机器学习的理论和应用研究，并且时不时就听到 AI 在某领域把人类打得一败涂地的新闻时，或许我们就不会认为赫拉利的观点是离谱的异端邪说，或出于好奇，或出于恐惧，或出于实际的目的，我们都应有充足的动力学习机器学习。

市面上机器学习的书已经很多了，大体上分为两类：一类是偏重机器学习理论的书，这种类型的书，算法理论部分大都介绍得很详细，但对于算法仅给出粗略的伪代码，而没有详尽的编码实现，也没有提供案例应用，在初学者对机器学习了解甚少的情况下，直接面对枯燥烦琐的数学推导，难免痛苦与沮丧。另外，由于初学者很难直接根据理论自己实现算法以及恰当地运用算法进行项目实践，因此无法验证学习成果。另一类是偏重机器学习应用的书，这类书对算法的理论进行了简单的提及，省略了有助于理解的重要数学推导，且大多数不会带领读者编码实现一个算法，而是直接使用开源库（如sklearn）中实现的算法，这类书算法的案例应用部分介绍得很详细，初学者会对机器学习应用有所了解，但由于理论匮乏且没有亲自动手实现算法，故导致无法深入理解算法，学习一段时间后大部分内容便忘记了。

本书是一本写给初学者的机器学习算法入门书，试图填补以上两类书的不足。本书在讲解算法时，首先详细介绍数学模型及原理，然后带领读者根据模型和算法描述进行算法实现，最后通过案例让读者进一步体会算法的应用场景以及应用时所需注意的问题。其中，算法实现部分是本书的重点，这部分所有算法的实现都基于 Numpy 这样一个非常底层的数学库，这就意味着需自己手工实现更多的细节，例如在计算损失函数的梯度时，需要手工推导计算梯度的数学公式，然后对照公式编码实现计算梯度的函数，相信本书的这种做法对初学者来说是一个有益的训练。另外，书中几乎每一行代码都给出了详尽的注释，通过代码注释来讲解算法的实现能给读者带来更好的体验，也便于读者理解编码的思想。

本书精选了经典的机器学习算法进行讲解，主要包括：

- 线性回归
- Logistic 回归与 Softmax 回归
- 决策树（分类与回归）
- 朴素贝叶斯
- 支持向量机
- k 近邻学习
- K-Means
- 人工神经网络

以上算法涵盖机器学习领域重要的思想，建议初学者在学完本书后能深入理解并自己实现以上算法，它们是日后在机器学习领域继续深入学习的基础。

本书还提供了算法示例的源代码，读者可以扫描以下二维码下载：

如何在下载过程中遇到问题，请联系 booksaga@163.com，邮件主题为“Python 机器学习算法：原理、实现与案例下载资源”。

由于笔者水平有限，书中难免出现纰漏，恳请读者不吝赐教。

最后，感谢清华大学出版社的王金柱编辑对笔者的信任和在写作方面的指点，我们的第二次合作非常愉快。

刘　硕

2019 年 7 月

目　录

第1章 线性回归

线性回归是最简单的机器学习模型，其形式简单，易于实现，同时也是很多机器学习模型的基础。第一个机器学习算法我们便从线性回归讲起。

1.1 线性回归模型

对于一个给定的训练集数据，线性回归的目标是找到一个与这些数据最为吻合的线性函数。举一个例子，中学物理我们学过的胡克定律指出：弹簧在发生弹性形变时，弹簧所受拉力F和弹簧的形变量 x 成正比，即$F=kx$。假设我们拿到一个新弹簧，测得了一组包含弹簧所受拉力F和形变量x的实验数据，如图 1-1 所示，根据实验数据估计弹簧倔强系数k的过程就是线性回归。

一般情况下，线性回归模型假设函数为：

$$h_{w,b}(x)=\sum_{i=1}^{n}w_ix_i+b=w^{\mathrm{T}}x+b$$

其中，$w\in\mathbf{R}^n$与 $b\in\mathbf{R}$ 为模型参数，也称为回归系数。为了方便，通常将 b 纳入权向量 w，作为 w_0，同时为输入向量 x 添加一个常数 1 作为 x_0：

$$w=(b,w_1,w_2,\ldots w_n)^{\mathrm{T}}$$
$$x=(1,x_1,x_2,\ldots x_n)^{\mathrm{T}}$$

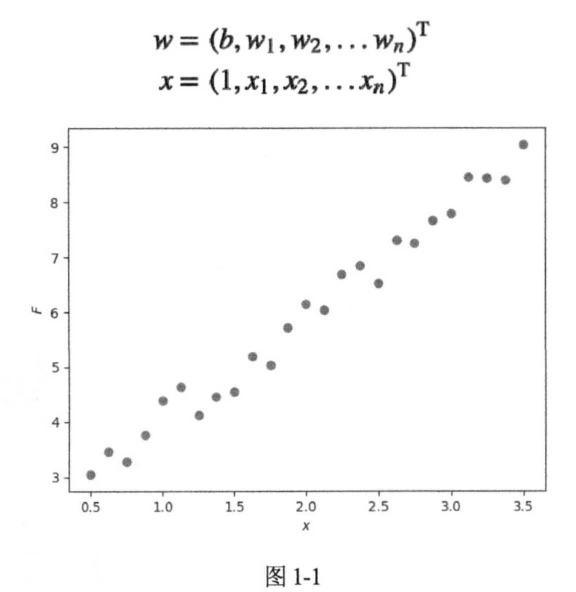

图 1-1

此时，假设函数为：

$$h_w(x)=\sum_{i=0}^{n}w_ix_i=w^{\mathrm{T}}x$$

其中，$w\in\mathbf{R}^{\mathbf{n+1}}$，通过训练确定模型参数 w 后，便可使用模型对新的输入实例进行预测。

1.2 最小二乘法

线性回归模型通常使用均方误差（MSE）作为损失函数，假设训练集 $\boldsymbol{D}$ 有 m 个样本，均方误差损失函数定义为：

$$\begin{aligned}J(w)&=\frac{1}{2m}\sum_{i=1}^{m}(h_w(x_i)-y_i)^2\\&=\frac{1}{2m}\sum_{i=1}^{m}(w^{\mathrm{T}}x-y_i)^2\end{aligned}$$

均方误差的含义很容易理解，即所有实例预测值与实际值误差平方的均值，模型的训练目标是找到使得损失函数最小化的w。式中的常数 $\frac{1}{2}$ 并没有什么特殊的数学含义，仅是为了优化时求导方便。

损失函数 $J(w)$ 最小值点是其极值点，可先求 $J(w)$ 对 w 的梯度并令其为 0，再通过解方程求得。

计算 $J(w)$ 的梯度：

$$\begin{aligned}\nabla J(w) &= \frac{1}{2m}\sum_{i=1}^{m}\frac{\partial}{\partial w}(w^{\mathrm{T}}x_i - y_i)^2 \\ &= \frac{1}{2m}\sum_{i=1}^{m}2(w^{\mathrm{T}}x_i - y_i)\frac{\partial}{\partial w}(w^{\mathrm{T}}x_i - y_i) \\ &= \frac{1}{m}\sum_{i=1}^{m}(w^{\mathrm{T}}x_i - y_i)x_i\end{aligned}$$

以上公式使用矩阵运算描述形式更为简洁，设：

$$X = \begin{bmatrix} 1, & x_{11}, & x_{12} & \dots & x_{1n} \\ 1, & x_{21} & x_{22} & \dots & x_{2n} \\ \vdots & \vdots & \vdots & \ddots & \vdots \\ 1, & x_{m1} & x_{m2} & \dots & x_{mn} \end{bmatrix} = \begin{bmatrix} x_1^{\mathrm{T}} \\ x_2^{\mathrm{T}} \\ \vdots \\ x_m^{\mathrm{T}} \end{bmatrix}$$

$$y = \begin{bmatrix} y_1 \\ y_2 \\ \vdots \\ y_m \end{bmatrix}$$

$$w = \begin{bmatrix} b \\ w_1 \\ w_2 \\ \vdots \\ w_n \end{bmatrix}$$

那么，梯度计算公式可写为：

$$\nabla J(w) = \frac{1}{m}X^{\mathrm{T}}(Xw - y)$$

令梯度为 0，解得：

$$\hat{w} = (X^{\mathrm{T}}X)^{-1}X^{\mathrm{T}}y$$

式中，$\hat{w}$ 即为使得损失函数（均方误差）最小的 w。需要注意的是，式中对 $\boldsymbol{X}^{\mathrm{T}}\boldsymbol{X}$ 求了逆矩阵，这要求 $\boldsymbol{X}^{\mathrm{T}}\boldsymbol{X}$ 是满秩的。然而实际应用中，$\boldsymbol{X}^{\mathrm{T}}\boldsymbol{X}$不总是满秩的（例如特

征数大于样本数），此时可解出多个 $\hat{w}$，选择哪一个由学习算法的归纳偏好决定，常见做法是引入正则化项。

以上求解最优 w 的方法被称为普通最小二乘法（Ordinary Least Squares，OLS）。

1.3 梯度下降

1.3.1 梯度下降算法

有很多机器学习模型的最优化参数不能像普通最小二乘法那样通过“闭式”方程直接计算，此时需要求助于迭代优化方法。通俗地讲，迭代优化方法就是每次根据当前情况做出一点点微调，反复迭代调整，直到达到或接近最优时停止，应用最为广泛的迭代优化方法是梯度下降（Gradient Descent）。图 1-2 所示为梯度下降算法逐步调整参数，从而使损失函数最小化的过程示意图。

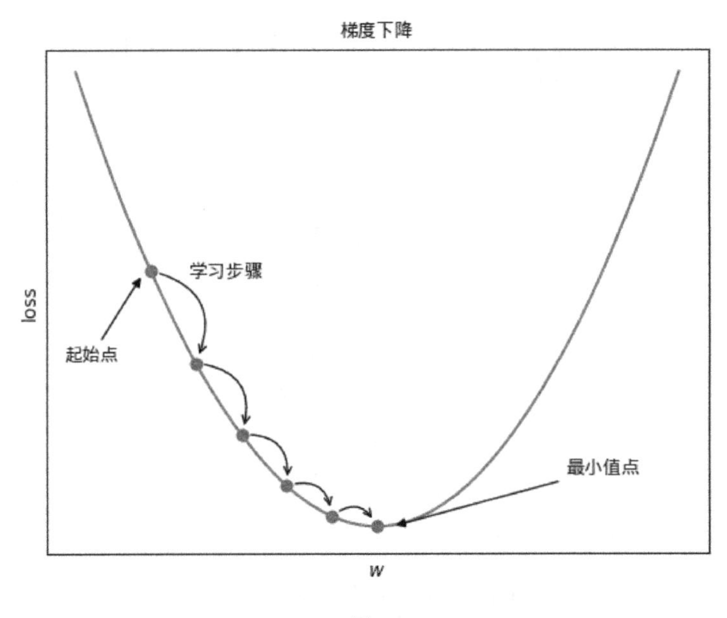

图 1-2

梯度下降算法常被形象地比喻为“下山”。如果你想尽快走下一座山，那么每迈一步的方向应选择当前山坡最陡峭的方向，迈一步调整一下方向，一直走到发现脚下已是平地。对于函数而言，梯度向量的反方向是其函数值下降最快的方向，即最陡峭的方向。梯度下降算法可描述为：

（1）根据当前参数 w计算损失函数梯度 $\nabla J(w)$。

（2）沿着梯度反方向 $-\nabla J(w)$ 调整 w，调整的大小称为步长，由学习率 η 控制。使用公式表述为：

$$w := w - \eta \nabla J(w)$$

（3）反复执行上述过程，直到梯度为 0 或损失函数降低小于阈值，此时称算法已收敛。

应用梯度下降算法时，超参数学习率 η 的选择十分重要。如果 η 过大，则有可能出现走到接近山谷的地方又一大步迈到了山另一边的山坡上，即越过了最小值点；如果 η 过小，下山的速度就会很慢，需要算法更多次的迭代才能收敛，这会导致训练时间过长。以上两种情形如图 1-3 所示。

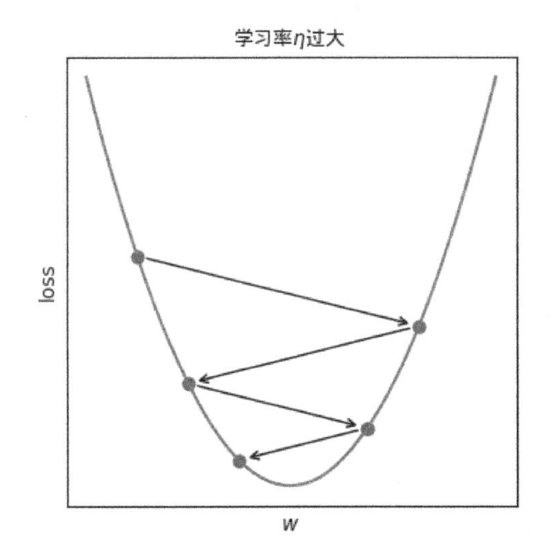

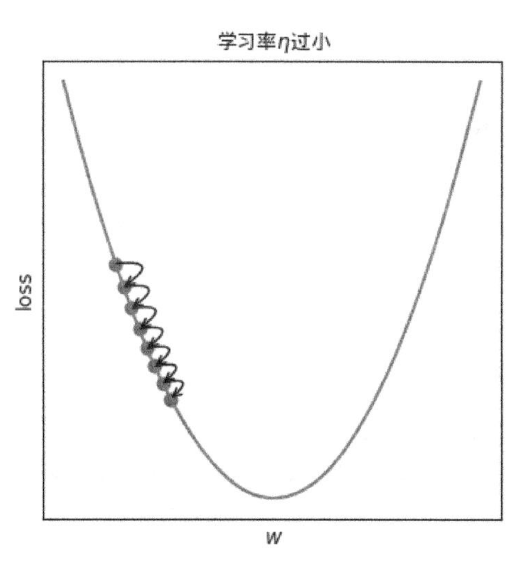

图 1-3

另外，还需知道的是，图 1-3 中的损失函数对于梯度下降算法是很理想的，它仅有一个全局最小值点，算法最终将收敛于该点。但也有很多机器学习模型的损失函数存在局部最小值，其曲线如绵延起伏的山脉，如图 1-4 所示。

对于图 1-4 中的损失函数，假设梯度下降算法的起始点位于局部最小值点左侧，算法则有可能收敛于局部最小值，而非全局最小值。此例子表明，梯度下降算法并不总收敛于全局最小值。

本节我们讨论的线性回归的损失函数是一个凸函数，不存在局部最小值，即只有一个全局最小值，因此梯度下降算法可收敛于全局最小值。

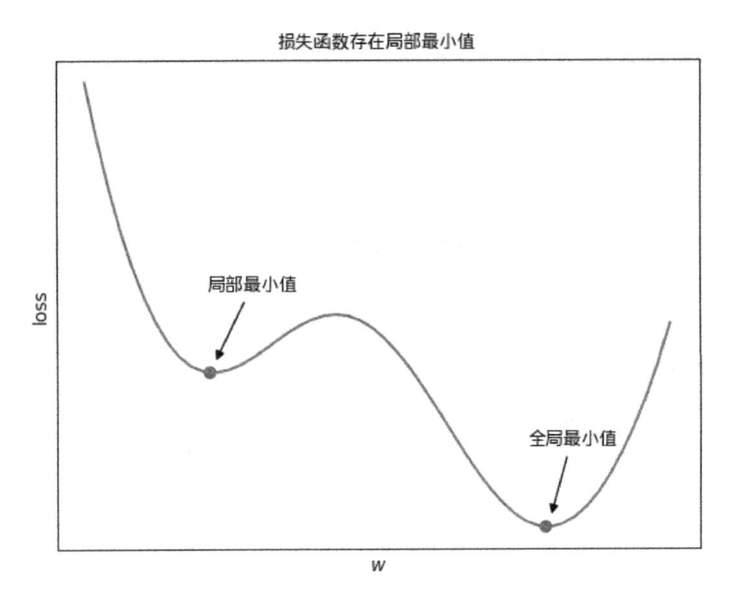

图 1-4

在 1.2 节中，我们计算出线性回归损失函数的梯度为：

$$\nabla J(w) = \frac{1}{m}\sum_{i=1}^{m}(w^{\mathrm{T}}x_i - y_i)\,x_i$$
$$= \frac{1}{m}X^{\mathrm{T}}(Xw - y)$$

设学习率为 η，梯度下降算法的参数更新公式为：

$$w := w - \eta\,\frac{1}{m}X^{\mathrm{T}}(Xw - y)$$

可以看出，执行梯度下降算法的每一步都是基于整个训练集 X 计算梯度的，因此梯度下降也被称为批量梯度下降：每次使用整批训练样本计算梯度，在训练集非常大时，批量梯度下降算法会运行得极慢。1.3.2 小节将介绍的随机梯度下降和小批量梯度下降可以解决该问题。

1.3.2 随机梯度下降和小批量梯度下降

随机梯度下降和小批量梯度下降可以看成是对批量梯度下降的近似，算法流程基本相同，只是每步使用少量的训练样本计算梯度。

随机梯度下降是与批量随机下降相反的极端情况，每一步只使用一个样本来计算梯度。

随机梯度下降算法的梯度计算公式为：

$$\nabla J(w) = (w^{\mathrm{T}} x_i - y_i)\, x_i$$

设学习率为 η，随机梯度下降算法的参数更新公式为：

$$w := w - \eta\,(w^{\mathrm{T}} x_i - y_i)\, x_i$$

因为每次只使用一个样本来计算梯度，所以随机梯度下降运行速度很快，并且内存开销很小，这使得随机梯度下降算法可以支持使用海量数据集进行训练。随机梯度下降过程中，损失函数的下降不像批量梯度下降那样缓缓降低，而是不断上下起伏，但总体上趋于降低，逐渐接近最小值。通常随机梯度下降收敛时，参数 w 是足够优的，但不是最优的。随机梯度下降算法的另一个优势是，当损失函数很不规则时（存在多个局部最小值），它更有可能跳过局部最小值，最终接近全局最小值。

随机梯度下降算法的一轮（Epoch）训练是指：迭代训练集中每一个样本，使用单个样本计算梯度并更新参数（一轮即 m 步），在每轮训练前通常要随机打乱训练集。

小批量梯度下降是介于批量梯度下降和随机梯度下降之间的折中方案，每一步既不使用整个训练集又不使用单个样本，而使用一小批样本计算梯度。

设一小批样本的数量为 N，小批量梯度下降算法的梯度计算公式为：

$$\nabla J(w) = \frac{1}{N} \sum_{i=k}^{k+N} (w^{\mathrm{T}} x_i - y_i)\, x_i$$

设学习率为 η，小批量梯度下降算法的参数更新公式为：

$$w := w - \eta\, \frac{1}{N} \sum_{i=k}^{k+N} (w^{\mathrm{T}} x_i - y_i)\, x_i$$

小批量梯度下降同时具备批量梯度下降和随机梯度下降二者的优缺点，应用时可视具体情况指定 N 值。

1.4　算法实现

1.4.1　最小二乘法

首先，我们基于最小二乘法实现线性回归，代码如下：

```
1.  import numpy as np
2.
3.  class OLSLinearRegression:
4.
5.      def _ols(self, X, y):
6.          '''最小二乘法估算 w'''
7.          tmp = np.linalg.inv(np.matmul(X.T, X))
8.          tmp = np.matmul(tmp, X.T)
9.          return np.matmul(tmp, y)
10.
11.         # 若使用较新的 Python 和 Numpy 版本，可使用如下实现
12.         # return np.linalg.inv(X.T @ X) @ X.T @ y
13.
14.     def _preprocess_data_X(self, X):
15.         '''数据预处理'''
16.
17.         # 扩展 X，添加 x0 列并设置为 1
18.         m, n = X.shape
19.         X_ = np.empty((m, n + 1))
20.         X_[:, 0] = 1
21.         X_[:, 1:] = X
22.
23.         return X_
24.
25.     def train(self, X_train, y_train):
26.         '''训练模型'''
27.
28.         # 预处理 X_train(添加 x0=1)
29.         X_train = self._preprocess_data_X(X_train)
30.
31.         # 使用最小二乘法估算 w
32.         self.w = self._ols(X_train, y_train)
33.
34.     def predict(self, X):
35.         '''预测'''
36.         # 预处理 X_train(添加 x0=1)
37.         X = self._preprocess_data_X(X)
38.         return np.matmul(X, self.w)
```

此段代码十分简单，简要说明如下。

- _ols()方法：最小二乘法的实现，即 $\hat{\boldsymbol{w}} = (\boldsymbol{X}^{\mathrm{T}}\boldsymbol{X})^{-1}\boldsymbol{X}^{\mathrm{T}}\boldsymbol{y}$。
- _preprocess_data_X()方法：对 $\boldsymbol{X}$ 进行预处理，添加 x_0 列并设置为 1。
- train()方法：训练模型，调用_ols()方法估算模型参数 $\boldsymbol{w}$，并保存。
- predict()方法：预测，实现函数 $h_{\boldsymbol{w}}(\boldsymbol{x}) = \boldsymbol{w}^{\mathrm{T}}\boldsymbol{x}$，对 $\boldsymbol{X}$ 中每个实例进行预测。

1.4.2 梯度下降

接下来，我们基于（批量）梯度下降实现线性回归，代码如下：

```
1.  import numpy as np
2.
3.  class GDLinearRegression:
4.
5.      def __init__(self, n_iter=200, eta=1e-3, tol=None):
6.          # 训练迭代次数
7.          self.n_iter = n_iter
8.          # 学习率
9.          self.eta = eta
10.         # 误差变化阈值
11.         self.tol = tol
12.         # 模型参数 w(训练时初始化)
13.         self.w = None
14.
15.     def _loss(self, y, y_pred):
16.         '''计算损失'''
17.         return np.sum((y_pred - y) ** 2) / y.size
18.
19.     def _gradient(self, X, y, y_pred):
20.         '''计算梯度'''
21.         return np.matmul(y_pred - y, X) / y.size
22.
23.     def _gradient_descent(self, w, X, y):
24.         '''梯度下降算法'''
25.
26.         # 若用户指定 tol，则启用早期停止法
27.         if self.tol is not None:
28.             loss_old = np.inf
```

```
29.
30.         # 使用梯度下降，至多迭代 n_iter 次，更新 w
31.         for step_i in range(self.n_iter):
32.             # 预测
33.             y_pred = self._predict(X, w)
34.             # 计算损失
35.             loss = self._loss(y, y_pred)
36.             print('%4i Loss: %s' % (step_i, loss))
37.
38.             # 早期停止法
39.             if self.tol is not None:
40.                 # 如果损失下降小于阈值，则终止迭代
41.                 if loss_old - loss < self.tol:
42.                     break
43.                 loss_old = loss
44.
45.             # 计算梯度
46.             grad = self._gradient(X, y, y_pred)
47.             # 更新参数 w
48.             w -= self.eta * grad
49.
50.     def _preprocess_data_X(self, X):
51.         '''数据预处理'''
52.
53.         # 扩展 X，添加 x0 列并设置为 1
54.         m, n = X.shape
55.         X_ = np.empty((m, n + 1))
56.         X_[:, 0] = 1
57.         X_[:, 1:] = X
58.
59.         return X_
60.
61.     def train(self, X_train, y_train):
62.         '''训练'''
63.
64.         # 预处理 X_train(添加 x0=1)
65.         X_train = self._preprocess_data_X(X_train)
66.
```

```
67.         # 初始化参数向量 w
68.         _, n = X_train.shape
69.         self.w = np.random.random(n) * 0.05
70.
71.         # 执行梯度下降训练 w
72.         self._gradient_descent(self.w, X_train, y_train)
73.
74.     def _predict(self, X, w):
75.         '''预测内部接口，实现函数 h(x).'''
76.         return np.matmul(X, w)
77.
78.     def predict(self, X):
79.         '''预测'''
80.         X = self._preprocess_data_X(X)
81.         return self._predict(X, self.w)
```

上述代码简要说明如下（详细内容参看代码注释）。

- __init__()方法：构造器（也称为构造函数），保存用户传入的超参数。
- _predict()方法：预测的内部接口，实现函数 $h_{\boldsymbol{w}}(\boldsymbol{x}) = \boldsymbol{w}^{\mathrm{T}}\boldsymbol{x}$。
- _loss()方法：实现损失函数 $J(\boldsymbol{w})$，计算当前 $\boldsymbol{w}$ 下的损失，该方法有以下两个用途。
    - 供早期停止法使用：如果用户通过超参数 tol 启用早期停止法，则调用该方法计算损失。
    - 方便调试：迭代过程中可以每次打印出当前损失，观察变化的情况。
- _gradient()方法：计算当前梯度 $\nabla J(\boldsymbol{w})$。
- _gradient_descent()方法：实现批量梯度下降算法。
- _preprocess_data_X()方法：对 $\boldsymbol{X}$ 进行预处理，添加 x_0 列并设置为 1。
- train()方法：训练模型。该方法由 3 部分构成：
    - 对训练集的 X_train 进行预处理，添加 x_0 列并设置为 1。
    - 初始化模型参数 $\boldsymbol{w}$，赋值较小的随机数。
    - 调用_gradient_descent()方法训练模型参数 $\boldsymbol{w}$。
- predict()方法：预测。内部调用_predict()方法对 $\boldsymbol{X}$ 中每个实例进行预测。

1.5 项目实战

最后，我们来做一个线性回归的实战项目：分别使用 OLSLinearRegression 和 GDLinearRegression 预测红酒口感，如表 1-1 所示。

表 1-1 红酒口感数据集（https://archive.ics.uci.edu/ml/datasets/wine+quality）

列号	列名	含义	特征/目标	可取值
1	fixed acidity	非挥发性酸	特征	实数
2	volatile acidity	挥发性酸	特征	实数
3	citric acid	柠檬酸	特征	实数
4	residual sugar	残留糖分	特征	实数
5	Chlorides	氯化物	特征	实数
6	free sulfur dioxide	游离二氧化硫	特征	实数
7	total sulfur dioxide	总二氧化硫	特征	实数
8	Density	密度	特征	实数
9	pH	pH 值	特征	实数
10	Sulphates	硫酸盐	特征	实数
11	Alcohol	酒精含量	特征	实数
12	Quality	口感	目标	3~8 的整数

数据集中包含 1599 条数据，其中每一行包含红酒的 11 个化学特征以及专家评定的口感值。虽然口感值只是 3~8 的整数，但我们依然把该问题当作回归问题处理，而不是当作包含 6 种类别（3~8）的分类问题处理。如果当作分类问题，则预测出的类别间无法比较好坏，例如我们不清楚第 1 类口感是否比第 5 类口感好，但我们明确知道 5.3 比 4.8 口感好。

读者可使用任意方式将数据集文件 winequality-red.csv 下载到本地，此文件所在的 URL 为：https://archive.ics.uci.edu/ml/machine-learning-databases/wine-quality/winequality-red.csv。

1.5.1 准备数据

调用 Numpy 的 genfromtxt 函数加载数据集：

```
    1.  >>> import numpy as np
    2.  >>> data = np.genfromtxt('winequality-red.csv', delimiter=';',
skip_header=True)
```

```
3.  >>> X = data[:, :-1]
4.  >>> X
5.  array([[ 7.4  ,  0.7  ,  0.   , ...,  3.51 ,  0.56 ,  9.4  ],
6.         [ 7.8  ,  0.88 ,  0.   , ...,  3.2  ,  0.68 ,  9.8  ],
7.         [ 7.8  ,  0.76 ,  0.04 , ...,  3.26 ,  0.65 ,  9.8  ],
8.         ...,
9.         [ 6.3  ,  0.51 ,  0.13 , ...,  3.42 ,  0.75 , 11.    ],
10.        [ 5.9  ,  0.645,  0.12 , ...,  3.57 ,  0.71 , 10.   2 ],
11.        [ 6.   ,  0.31 ,  0.47 , ...,  3.39 ,  0.66 , 11.    ]])
12. >>> y = data[:, -1]
13. >>> y
14. array([5., 5., 5., ..., 6., 5., 6.])
```

1.5.2 模型训练与测试

我们要训练并测试两种不同方法实现的线性回归模型：OLSLinearRegression 和 GDLinearRegression。

1. OLSLinearRegression

先从更为简单的 OLSLinearRegression 开始。

首先创建模型：

```
1.  >>> from linear_regression import OLSLinearRegression
2.  >>> ols_lr = OLSLinearRegression()
```

创建 OLSLinearRegression 时无须传入任何参数。

然后，调用 sklearn 中的 train_test_split 函数将数据集切分为训练集和测试集（比例 为 7:3）：

```
1.  >>> from sklearn.model_selection import train_test_split
2.  >>> X_train, X_test, y_train, y_test = train_test_split(X, y,
test_size=0.3)
```

接下来，训练模型：

```
1.  >>> ols_lr.train(X_train, y_train)
```

因为训练集容量及实例特征数量都不大，所以很短时间内便可完成训练。

使用已训练好的模型对测试集中的实例进行预测：

```
1.  >>> y_pred = ols_lr.predict(X_test)
2.  >>> y_pred
3.  array([5.97884966, 5.97298391, 5.24300126, 5.06622202, 5.34749778,
4.         5.75578547, 5.12227758, 5.42068169, 5.45180575, 6.13254774,
5.         5.34770062, 5.83609291, 6.05261885, 6.12793756, 6.02340132,
6.         ...
7.         5.57593107, 6.52179897, 5.96058307, 5.34186329, 5.72550139,
8.         5.22740437, 5.07311142, 5.78794577, 5.9205651 , 5.87093099,
9.         5.87183078, 5.45259226, 5.44723566, 6.0368874 , 5.36931666])
```

仍以均方误差（MSE）衡量回归模型的性能，调用 sklearn 中的 mean_squared_error 函数计算 MSE：

```
1.  >>> mse = mean_squared_error(y_test, y_pred)
2.  >>> mse
3.  0.4211724526626152
```

模型在测试集上的 MSE 为 0.421，其平方根约为 0.649。还可以测试模型在训练集上的 MSE：

```
1.  >>> y_train_pred = ols_lr.predict(X_train)
2.  >>> mse_train = mean_squared_error(y_train, y_train_pred)
3.  >>> mse_train
4.  0.41723084614277367
```

模型在训练集与测试集的性能相差不大，表明未发生过度拟合现象。

注 意

过度拟合也称为过拟合，不过在中文上下文中使用“过拟合”容易产生歧义，故本书统一使用“过度拟合”。

另一个常用的衡量回归模型的指标是平均绝对误差（MAE），其定义如下：

$$\frac{1}{m}\sum_{i=1}^{m}|y_{i\_pred}-y_i|$$

MAE 的含义更加直观一些：所有实例预测值与实际值之误差绝对值的平均值。调用 sklearn 中的 mean_absolute_error 函数计算模型在测试集上的 MAE：

```
1.  >>> from sklearn.metrics import mean_absolute_error
2.  >>> mae = mean_absolute_error(y_test, y_pred)
3.  >>> mae
4.  0.4924678778849731
```

MAE 为 0.492，即预测口感值比实际口感值平均差了 0.492。

2. GDLinearRegression

再来训练并测试 GDLinearRegression，该过程比之前的 OLSLinearRegression 麻烦一些，因为它有 3 个超参数需要我们设置，而最优的超参数组合通常需要通过大量实验得到。

GDLinearRegression 的超参数有：

（1）梯度下降最大迭代次数 n_iter
（2）学习率 eta
（3）损失降低阈值 tol（tol 不为 None 时，开启早期停止法）

先以超参数（n_iter=3000，eta=0.001，tol=0.00001）创建模型：

```
1.  >>> from linear_regression import GDLinearRegression
2.  >>> gd_lr = GDLinearRegression(n_iter=3000, eta=0.001, tol=0.00001)
```

为了与之前的 OLSLinearRegression 进行对比，我们使用与之前相同的训练集和测试集（不重新切分 X,y）训练模型：

```
1.  >>> gd_lr.train(X_train, y_train)
2.     0 Loss: 12.200517575720156
3.     1 Loss: 37.31474276210929
```

以上输出表明，经过一步梯度下降以后，损失 Loss 不降反升，然后算法便停止了，这说明步长太大，已经迈到对面山坡上了，需调小学习率。将学习率调整为 eta=0.0001 再次尝试：

```
1.  >>> gd_lr = GDLinearRegression(n_iter=3000, eta=0.0001, tol=0.00001)
2.  >>> gd_lr.train(X_train, y_train)
3.     0 Loss: 16.023304785489813
4.     1 Loss: 11.497026121171373
5.     2 Loss: 9.592720523188712
6.     3 Loss: 8.75383172330532
7.     4 Loss: 8.348468678827183
8.     5 Loss: 8.120102508707241
9.      ...
10. 2994 Loss: 0.5387288272167047
11. 2995 Loss: 0.5387143011814725
12. 2996 Loss: 0.5386997815639667
```

```
13. 2997 Loss: 0.5386852683612686
14. 2998 Loss: 0.538670761570461
15. 2999 Loss: 0.5386562611886281
```

这次虽然损失随着迭代逐渐下降了，但是迭代到了最大次数 3000，算法依然没有收敛，最终损失（在训练集上的 MSE）为 0.539，距离之前用最小二乘法计算出的最小值 0.417 还差很远，并且发现后面每次迭代损失下降得非常小。这种状况主要是由于 $\boldsymbol{X}$ 中各特征尺寸相差较大造成的，观察 $\boldsymbol{X}$ 中各特征的均值：

```
1.  >>> X.mean(axis=0)
2.  array([ 8.31963727,  0.52782051,  0.27097561,  2.5388055 ,
0.08746654,
3.        15.87492183,  46.46779237,  0.99674668,  3.3111132 ,
0.65814884,
4.        10.42298311])
```

可看出各特征尺寸差距确实很大，有的特征间相差了好几个数量级。以两个特征为例，如果 $\boldsymbol{x}_1$ 特征尺寸比 $\boldsymbol{x}_2$ 的小很多（如图 1-5 所示），通常 $\boldsymbol{x}_2$ 的变化对损失函数值影响更大，梯度下降时就会先沿着接近 $\boldsymbol{x}_2$ 轴的方向下山，再沿着 $\boldsymbol{x}_1$ 轴进入一段长长的几乎平坦的山谷，用下山时谨慎的小步走平地，速度慢得像蜗牛爬，虽然最终也可以抵达最小值点，但需要更多的迭代次数，花费更长时间。

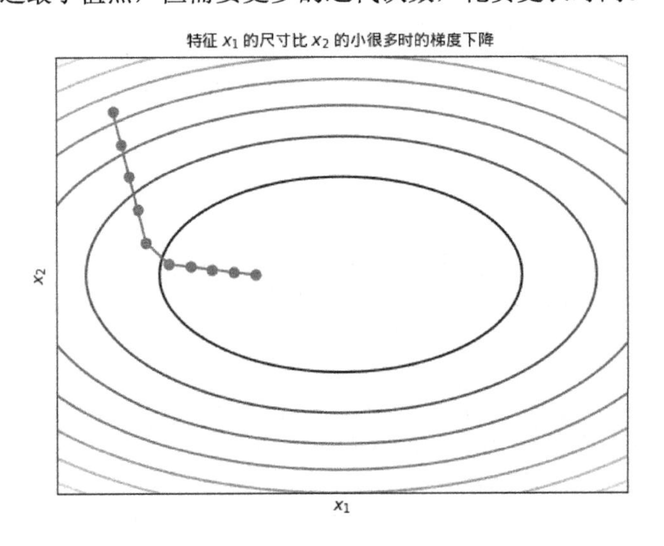

图 1-5

相反，如果 $\boldsymbol{x}_1$ 和 $\boldsymbol{x}_2$ 特征尺寸相同（见图 1-6），梯度下降时将更直接地走向最小值点，算法收敛更快。

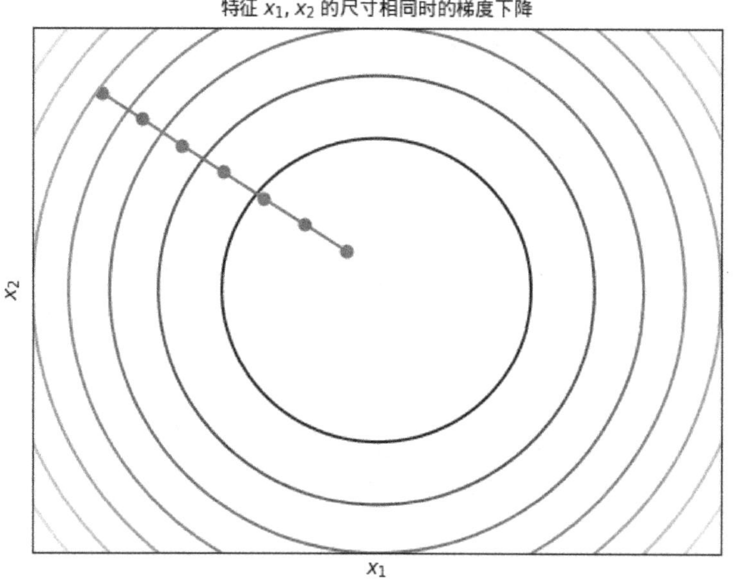

图 1-6

接下来我们把 $\boldsymbol{X}$ 各特征缩放到相同尺寸，然后重新训练模型。将特征缩放到相同尺寸有两种常用方法：归一化（Normalization）和标准化（Standardization）。

归一化是指使用 min-max 缩放将各特征的值缩放至 [0, 1] 区间。对于第 i 个实例的第 j 个特征 $x_i^{(j)}$，归一化转换公式为：

$$x_{i\_Norm}^{(j)} = \frac{x_i^{(j)} - x_{min}^{(j)}}{x_{max}^{(j)} - x_{min}^{(j)}}$$

其中，$x_{max}^{(j)}$ 和 $x_{min}^{(j)}$ 分别为所有实例第 j 个特征的最大值和最小值。调用 sklearn 中的 MinMaxScaler 函数可以完成归一化转换。

标准化是指将各特征的均值设置为 0，方差设置为 1。对于第 i 个实例的第 j 个特征 $x_i^{(j)}$，标准化转换公式为：

$$x_{i\_Std}^{(j)} = \frac{x_i^{(j)} - \mu_x^{(j)}}{\sigma_x^{(j)}}$$

其中，$\mu_x^{(j)}$ 和 $\sigma_x^{(j)}$ 分别为所有实例第 j 个特征的均值和标准差。调用 sklearn 中的 StandardScaler 函数可以完成标准化转换。

对于大多数机器学习算法而言，标准化更加实用，因为标准化保持了异常值所蕴含的有用信息。这里我们调用 sklearn 中的 StandardScaler 函数对各特征进行缩放：

```
1.  >>> from sklearn.preprocessing import StandardScaler
2.  >>> ss = StandardScaler()
3.  >>> ss.fit(X_train)
4.  StandardScaler(copy=True, with_mean=True, with_std=True)
5.  >>> X_train_std = ss.transform(X_train)
6.  >>> X_test_std = ss.transform(X_test)
7.  >>> X_train_std[:3]
8.  array([[ 2.06525234, -0.52177354,  2.00384591,  0.41731378,
9.          0.43302079, -0.54794448, -0.71530754,  1.69254258,
10.         -1.04504699,  1.06645239, -0.00577349],
11.        [-0.54836368,  0.42987536, -0.07611659, -0.31883207,
12.         -0.11252578,  0.11774751,  1.37454564, -0.33359707,
13.         -0.11983048, -0.58506021, -0.56891899],
14.        [-0.19988155, -0.01795942, -0.12811565, -0.39244666,
15.         -0.21743858, 0.30794522,  0.39108532, -0.3547027 ,
16.         -0.05374359, -1.04064989, -0.19348865]])
17. >>> X_test_std[:3]
18. array([[-1. 41956902,  0.14997863, -0.90810159, -0.24521749,
19.          -0.55315954,2.20992233,  0.14522024, -0.88234323,
20.          1.40016808,  0.553914,  0.74508718],
21.        [ 0.55516308,  -0.2418768 ,  0.0798806 , -0.31883207,
22.         0.81070687,  -0.9283399 , -0.93043948,  0.00409287,
23.          -0.58243874,  0.32611916,  0.74508718],
24.        [-0.43220297,  0.68178242, -1.27209503, -0.46606124,
25.         -0.0495781,  -0.16754906,  0.32961905,  0.05685692,
26.         0.40886467, -1.15454731, -0.09963107]])
```

这里需要注意，在以上的代码中，StandardScaler 只对训练集进行拟合（计算均值 $\boldsymbol{\mu}$ 和标准差$\boldsymbol{\sigma}$），然后使用相同的拟合参数对训练集和测试集进行转换，因为在预测时测试集对于我们是未知的。

现在各特征值被缩放到了相同的尺寸。接下来重新创建模型，并使用已缩放的数据进行训练：

```
1.  >>> gd_lr = GDLinearRegression(n_iter=3000, eta=0.05, tol=0.00001)
2.  >>> gd_lr.train(X_train_std, y_train)
3.    0 Loss: 32.   37093970975737
4.    1 Loss: 29.   238242349047354
5.    2 Loss: 26.   4144603303325
6.    3 Loss: 23.   868826231616428
```

```
7.     4 Loss: 21.   573695276485843
8.     5 Loss: 19.   50421695549397
9.     6 Loss: 17.   63804348681383
10.     ...
11.  128 Loss: 0.4288433323855949
12.  129 Loss: 0.428828969543995
13.  130 Loss: 0.42881542387707694
14.  131 Loss: 0.4288026302147262
15.  132 Loss: 0.4287905293029377
16.  133 Loss: 0.42877906724161524
17.  134 Loss: 0.4287681949766629
18.  135 Loss: 0.4287578678410973
19.  136 Loss: 0.42874804514041764
```

这次我们将 eta 大幅提高到了 0.05，经过 136 次迭代后算法收敛，目前损失（在训练集上的 MSE）为 0.428，已接近用最小二乘法计算出的最小值 0.417。

最后使用已训练好的模型对测试集中的实例进行预测，并评估性能：

```
1.  >>> y_pred = gd_lr.predict(X_test_std)
2.  >>> mse = mean_squared_error(y_test, y_pred)
3.  >>> mse
4.  0.39311865138396274
5.  >>> mae = mean_absolute_error(y_test, y_pred)
6.  >>> mae
7.  0.49190905290250364
```

此时 MSE 为 0.393，MAE 为 0.492，与之前使用 OLSLinearRegression 的性能差不多。读者可以继续调整超参数进行优化，但性能不会有太明显的提升，毕竟线性回归是非常简单的模型。

至此，线性回归的项目就完成了。

第 2 章

Logistic 回归与 Softmax 回归

Logistic 回归这个名字可能会引起误会，虽然名字中带有“回归”，但它是一个分类算法，用于处理二元分类问题。Softmax 回归同样是分类算法，它是在 Logistic 回归的基础上进行推广得到的，用于处理多元分类问题。

2.1 Logistic 回归

2.1.1 线性模型

Logistic 回归是一种广义线性模型，它使用线性判别式函数对实例进行分类。举一个例子，图 2-1 中有两种类别的实例，o 表示正例，x 表示负例。

我们可以找到一个超平面将两类实例分隔开，即正确分类，假设超平面方程为：

$$w^{\mathrm{T}}x+b=0$$

其中，$w \in \mathbf{R}^n$ 为超平面的法向量，$b \in \mathbf{R}$ 为偏置。

超平面上方的点都满足：

$$w^{\mathrm{T}}x+b>0$$

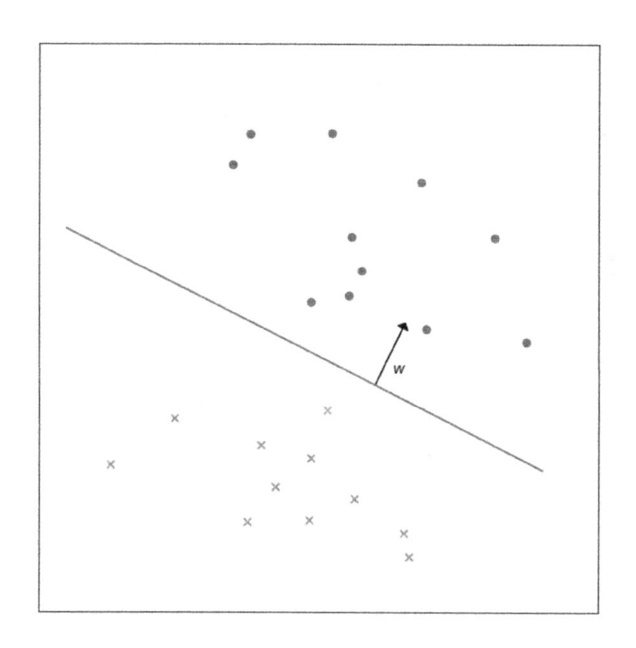

图 2-1

而超平面下方的点都满足：

$$w^{\mathrm{T}}x + b < 0$$

这意味着，我们可以根据以下 x 的线性函数的值（与 0 的比较结果）判断实例的类别：

$$z = g(x) = w^{\mathrm{T}}x + b$$

分类函数以 z 为输入，输出预测的类别：

$$c = H(z) = H(g(x))$$

以上便是线性分类器的基本模型。

2.1.2 logistic 函数

显然，最理想的分类函数为单位阶跃函数：

$$H(z) = \begin{cases} 1, & z \geqslant 0 \\ 0, & z < 0 \end{cases}$$

但单位阶跃函数作为分类函数有一个严重缺点：它不连续，所以不是处处可微，这使得一些算法不能得以应用（如梯度下降）。我们希望找到一个在输入输出特性上与单位阶跃函数类似，并且单调可微的函数来替代阶跃函数，logistic 函数便是一种常用替代函数。

logistic 回归函数定义为：

$$\sigma(z)=\frac{1}{1+e^{-z}}$$

其函数图像如图 2-2 所示。

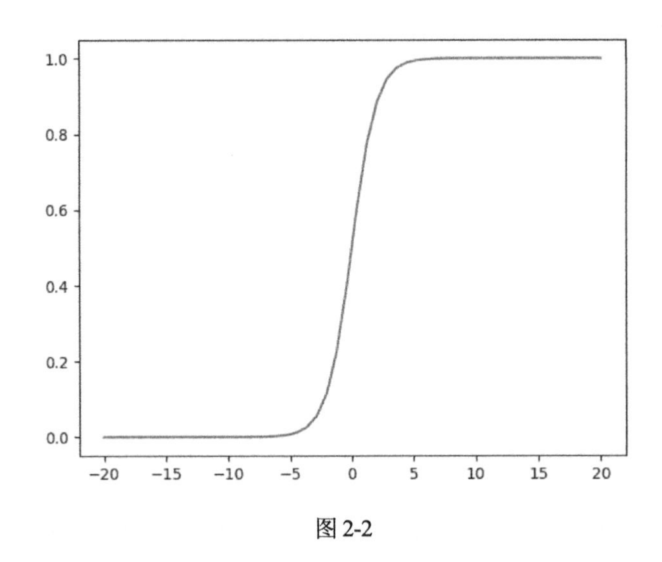

图 2-2

logistic 函数是一种 Sigmoid 函数（S 型）。从图 2-2 可以看出，logistic 函数的值域在(0, 1)之间连续，函数的输出可视为 $\boldsymbol{x}$ 条件下实例为正例的条件概率，即：

$$P(y=1\mid x)=\sigma(g(x))=\frac{1}{1+e^{-(w^{\mathrm{T}}x+b)}}$$

那么，$\boldsymbol{x}$ 条件下实例为负例的条件概率为：

$$P(y=0\mid x)=1-\sigma(g(x))=\frac{1}{1+e^{(w^{\mathrm{T}}x+b)}}$$

以上概率的意义是什么呢？实际上，logistic 函数是对数概率函数的反函数。一个事件的概率（odds）指该事件发生的概率 p 与该事件不发生的概率 $1-p$ 的比值。那么，对数概率为：

$$\log\frac{p}{1-p}$$

对数概率大于 0 表明是正例的概率大，小于 0 表明是负例的概率大。

Logistic 回归模型假设一个实例为正例的对数概率是输入 x 的线性函数，即：

$$\log \frac{p}{1-p} = w^{\mathrm{T}} x + b$$

反求上式中的 p 便可得出：

$$p = \sigma(g(x)) = \frac{1}{1 + e^{-(w^{\mathrm{T}} x + b)}}$$

理解上述 logistic 函数概率的意义，是后面使用极大似然法的基础。

另外，logistic 函数还有一个很好的数学特性，$\sigma(z)$ 的一阶导数形式简单，并且是 $\sigma(z)$ 的函数：

$$\frac{\mathrm{d}\sigma(z)}{\mathrm{d}z} = \sigma(z)\left(1 - \sigma(z)\right)$$

2.1.3　Logistic 回归模型

Logistic 回归模型假设函数为：

$$h_{w,b}(x) = \sigma(g(x)) = \frac{1}{1 + e^{-(w^{\mathrm{T}} x + b)}}$$

为了方便，通常将 b 纳入权向量 w，作为 w_0，同时为输入向量 x 添加一个常数 1 作为 x_0：

$$w = (b, w_1, w_2, \ldots w_n)^{\mathrm{T}}$$
$$x = (1, x_1, x_2, \ldots x_n)^{\mathrm{T}}$$

此时：

$$z = g(x) = w^{\mathrm{T}} x$$

假设函数为：

$$h_w(x) = \sigma(g(x)) = \frac{1}{1 + e^{-w^{\mathrm{T}} x}}$$

$h_w(x)$ 的输出是预测 x 为正例的概率，如果通过训练确定了模型参数 w，便可构建二元分类函数：

$$H(h_w(x)) = \begin{cases} 1, & h_w(x) \geqslant 0.5 \\ 0, & h_w(x) < 0.5 \end{cases}$$

2.1.4 极大似然法估计参数

确定了假设函数，接下来训练模型参数 w。对于给定的包含 m 个样本的数据集 D，可以使用极大似然估计法来估计 w。

根据 $h_w(x)$ 的概率意义，有：

$$P(y=1|x)=h_w(x)$$
$$P(y=0|x)=1-h_w(x)$$

综合上述二式可得出，训练集 D 中某样本 (x_i,y_i)，模型将输入实例 x_i 预测为类别 y_i 的概率为：

$$P(y=y_i|x_i;w)=h_w(x_i)^{y_i}(1-h_w(x_i))^{1-y_i}$$

训练集 D 中各样本独立同分布，因此我们定义似然函数 $L(w)$ 来描述训练集中 m 个样本同时出现的概率为：

$$\begin{aligned}L(w)&=\prod_{i=1}^{m}P(y=y_i|x_i;w)\\&=\prod_{i=1}^{m}h_w(x_i)^{y_i}(1-h_w(x_i))^{1-y_i}\end{aligned}$$

极大似然法估计参数 w 的核心思想是：选择参数 w，使得当前已经观测到的数据（训练集中的 m 个样本）最有可能出现（概率最大）， 即：

$$\hat{w}=\arg\max_{w}L(w)$$

$L(w)$是一系列项之积，求导比较麻烦，不容易找出其最大值点（即求出最大值）。ln函数是单调递增函数，因此可将问题转化为找出对数似然函数 $\ln(L(w))$ 的最大值点，即：

$$\hat{w}=\arg\max_{w}\ln(L(w))$$

根据定义，对数似然函数为：

$$l(w)=\ln(L(w))=\sum_{i=1}^{m}y_i\ln(h_w(x_i))+(1-y_i)\ln(1-h_w(x_i))$$

经观察可看出，以上对数似然函数是一系列项之和，求导简单，容易找到最大值点，即求出最大值。

2.1.5　梯度下降更新公式

习惯上，我们通常定义模型的损失函数，并求其最小值（找出最小值点）。对于 Logistic 回归模型，可以定义其损失函数为：

$$J(w)=-\frac{1}{m}l(w)=-\frac{1}{m}\sum_{i=1}^{m}y_i\ln(h_w(x_i))+(1-y_i)\ln(1-h_w(x_i))$$

此时，求出损失函数最小值与求出对数似然函数最大值等价。求损失函数最小值，依然可以使用梯度下降算法，最终估计出模型参数 $\hat{w}$。

下面计算损失函数 $J(w)$ 的梯度，从而推出梯度下降算法中 w 的更新公式。

计算 $J(w)$ 对分量 w_j 的偏导数：

$$\begin{aligned}\frac{\partial}{\partial w_j}J(w)&=-\frac{1}{m}\frac{\partial}{\partial w_j}\sum_{i=1}^{m}y_i\ln h_w(x_i)+(1-y_i)\ln(1-h_w(x_i))\\&=-\frac{1}{m}\sum_{i=1}^{m}y_i\frac{\partial}{\partial w_j}\ln h_w(x_i)+(1-y_i)\frac{\partial}{\partial w_j}\ln(1-h_w(x_i))\\&=-\frac{1}{m}\sum_{i=1}^{m}y_i\frac{1}{h_w(x_i)}\frac{\partial h_w(x_i)}{\partial z_i}\frac{\partial z_i}{w_j}+(1-y_i)\frac{1}{1-h_w(x_i)}-\frac{\partial h_w(x_i)}{\partial z_i}\frac{\partial z_i}{w_j}\\&=-\frac{1}{m}\sum_{i=1}^{m}\left(y_i\frac{h_w(x_i)(1-h_w(x_i))}{h_w(x_i)}-(1-y_i)\frac{h_w(x_i)(1-h_w(x_i))}{1-h_w(x_i)}\right)\frac{\partial z_i}{w_j}\\&=-\frac{1}{m}\sum_{i=1}^{m}(y_i-h_w(x_i))\frac{\partial z_i}{w_j}\\&=\frac{1}{m}\sum_{i=1}^{m}(h_w(x_i)-y_i)x_{ij}\end{aligned}$$

其中，$h_w(x_i)-y_i$ 可解释为模型预测 x_i 为正例的概率与其实际类别之间的误差。

由此可推出梯度 $\nabla J(w)$ 计算公式为：

$$\nabla J(w)=\frac{1}{m}\sum_{i=1}^{m}(h_w(x_i)-y_i)x_i$$

对于随机梯度下降算法，每次只使用一个样本来计算梯度（m=1），相应梯度 $\nabla J(w)$ 计算公式为：

$$\nabla J(w)=(h_w(x_i)-y_i)x_i$$

假设梯度下降（或随机梯度下降）算法的学习率为 η，模型参数 w 的更新公式为：

$$w := w - \eta \nabla J(w)$$

2.2 Softmax 回归

Logistic 回归只能处理二元分类问题，在其基础上推广得到的 Softmax 回归可处理多元分类问题。Softmax 回归也被称为多元 Logistic 回归。

2.2.1 Softmax 函数

假设分类问题有 K 个类别，Softmax 对实例 x 的类别进行预测时，需分别计算 x 为每一个类别的概率，因此每个类别拥有各自独立的线性函数$g_j(x)$：

$$z_j = g_j(x) = w_j^{\mathrm{T}} x$$

这就意味着 w_j 有 K 个，它们构成一个矩阵：

$$W = \begin{bmatrix} w_1^{\mathrm{T}} \\ w_2^{\mathrm{T}} \\ \vdots \\ w_K^{\mathrm{T}} \end{bmatrix}$$

可定义 Softmax 回归的 $g(x)$ 函数为：

$$z = g(x) = Wx = \begin{bmatrix} z_1 \\ z_2 \\ \vdots \\ z_K \end{bmatrix}$$

与 Logistic 回归的 logistic 函数相对应，Softmax 回归使用 softmax 函数来预测概率。

softmax 函数的输出为一个向量：

$$\sigma(z)=\begin{bmatrix}\sigma(z)_1\\ \sigma(z)_2\\ \vdots\\ \sigma(z)_K\end{bmatrix}$$

其中的分量 $\sigma(z)_j$ 即是模型预测 $\boldsymbol{x}$ 为第 j 个类别的概率。$\sigma(z)_j$ 定义如下：

$$\sigma(z)_j=\frac{e^{z_j}}{\sum\limits_{k=1}^{K}e^{z_k}}$$

经观察可发现，logistic 函数实际上是 softmax 函数的特例：K=2 时，softmax 函数、分子分母同时除以 e^{z_j}，便是 logistic 函数的形式。

2.2.2 Softmax 回归模型

Softmax 回归模型假设函数为：

$$h_W(x)=\sigma(g(x))=\frac{1}{\sum\limits_{k=1}^{K}e^{w_k^{\mathrm{T}}x}}\begin{bmatrix}e^{w_1^{\mathrm{T}}x}\\ e^{w_2^{\mathrm{T}}x}\\ \vdots\\ e^{w_K^{\mathrm{T}}x}\end{bmatrix}$$

$\boldsymbol{h_W(x)}$ 的输出是模型预测 $\boldsymbol{x}$ 为各类别的概率，如果通过训练确定了模型参数 $\boldsymbol{W}$，便可构建出多元分类函数：

$$H(h_W(x))=\arg\max_k h_W(x)_k=\arg\max_k(w_k^{\mathrm{T}}x)$$

2.2.3 梯度下降更新公式

Softmax 回归模型的损失函数被称为交叉熵，定义如下：

$$J(W)=-\frac{1}{m}\sum_{i=1}^{m}\sum_{j=1}^{K}I(y_i=j)\ln h_W(x_i)_j$$

其中，I 为指示函数，当 $y_i=j$ 时为 1，否则为 0。经观察可发现，Logistic 回归的损失函数是 K = 2 时的交叉熵。

下面推导梯度下降算法中参数 $\boldsymbol{W}$ 的更新公式。$\boldsymbol{W}$为矩阵，更新$\boldsymbol{W}$即更新其中每一个w_j，这就需要计算 $J(W)$ 对每一个 w_j 的梯度。推导过程与 Logistic 回归类似，这里直接给出计算公式：

$$\nabla_{w_j} J(W) = \frac{1}{m}\sum_{i=1}^{m}(h_W(x_i)_j - I(y_i = j))\,x_i$$

其中，$h_W(x_i)_j - I(y_i = j)$ 可解释为模型预测 x_i 为第 j 类别的概率与其实际是否为第 j 类别（是为 1，不是为 0）之间的误差。

对于随机梯度下降算法，每次只使用一个样本来计算梯度（m=1），相应梯度 $\nabla_{w_j} J(w)$ 计算公式为：

$$\nabla_{w_j} J(W) = (h_W(x_i)_j - I(y_i = j))\,x_i$$

假设梯度下降（或随机梯度下降）算法学习率为 η，w_j 的更新公式为：

$$w_j := w_j - \eta\nabla_{w_j} J(W)$$

最终得出，模型参数 W 的更新公式为：

$$W := W - \eta\begin{bmatrix}\nabla_{w_1} J(w)^{\mathrm{T}} \\ \nabla_{w_2} J(w)^{\mathrm{T}} \\ \vdots \\ \nabla_{w_K} J(w)^{\mathrm{T}}\end{bmatrix}$$

2.3 编码实现

2.3.1 Logistic 回归

我们基于梯度下降实现一个 Logistic 回归分类器，代码如下：

```
1.  import numpy as np
2.
3.  class LogisticRegression:
4.      def __init__(self, n_iter=200, eta=1e-3, tol=None):
5.          # 训练迭代次数
6.          self.n_iter = n_iter
7.          # 学习率
8.          self.eta = eta
9.          # 误差变化阈值
```

```
10.         self.tol = tol
11.         # 模型参数 w(训练时初始化)
12.         self.w = None
13. 
14.     def _z(self, X, w):
15.         '''g(x)函数: 计算 x 与 w 的内积.'''
16.         return np.dot(X, w)
17. 
18.     def _sigmoid(self, z):
19.         '''Logistic 函数'''
20.         return 1. / (1.   + np.exp(-z))
21. 
22.     def _predict_proba(self, X, w):
23.         '''h(x)函数: 预测为正例(y=1)的概率.'''
24.         z = self._z(X, w)
25.         return self._sigmoid(z)
26. 
27.     def _loss(self, y, y_proba):
28.         '''计算损失'''
29.         m = y.size
30.         p = y_proba * (2 * y - 1) + (1 - y)
31.         return -np.sum(np.log(p)) / m
32. 
33.     def _gradient(self, X, y, y_proba):
34.         '''计算梯度'''
35.         return np.matmul(y_proba - y, X) / y.size
36. 
37.     def _gradient_descent(self, w, X, y):
38.         '''梯度下降算法'''
39. 
40.         # 若用户指定 tol, 则启用早期停止法
41.         if self.tol is not None:
42.             loss_old = np.inf
43. 
44.         # 使用梯度下降, 至多迭代 n_iter 次, 更新 w
45.         for step_i in range(self.n_iter):
46.             # 预测所有点为 1 的概率
47.             y_proba = self._predict_proba(X, w)
```

```
48.             # 计算损失
49.             loss = self._loss(y, y_proba)
50.             print('%4i Loss: %s' % (step_i, loss))
51.
52.             # 早期停止法
53.             if self.tol is not None:
54.                 # 如果损失下降小于阈值，则终止迭代
55.                 if loss_old - loss < self.tol:
56.                     break
57.                 loss_old = loss
58.
59.             # 计算梯度
60.             grad = self._gradient(X, y, y_proba)
61.             # 更新参数 w
62.             w -= self.eta * grad
63.
64.     def _preprocess_data_X(self, X):
65.         '''数据预处理'''
66.
67.         # 扩展 X，添加 x0 列并设置为 1
68.         m, n = X.shape
69.         X_ = np.empty((m, n + 1))
70.         X_[:, 0] = 1
71.         X_[:, 1:] = X
72.
73.         return X_
74.
75.     def train(self, X_train, y_train):
76.         '''训练'''
77.
78.         # 预处理 X_train(添加 x0=1)
79.         X_train = self._preprocess_data_X(X_train)
80.
81.         # 初始化参数向量 w
82.         _, n = X_train.shape
83.         self.w = np.random.random(n) * 0.05
84.
85.         # 执行梯度下降训练 w
```

```
86.         self._gradient_descent(self.w, X_train, y_train)
87.
88.     def predict(self, X):
89.         '''预测'''
90.
91.         # 预处理 X_test(添加 x0=1)
92.         X = self._preprocess_data_X(X)
93.
94.         # 预测为正例(y=1)的概率
95.         y_pred = self._predict_proba(X, self.w)
96.
97.         # 根据概率预测类别，p>=0.5 为正例，否则为负例
98.         return np.where(y_pred >= 0.5, 1, 0)
```

上述代码简要说明如下（详细内容参看代码注释）：

- __init__()方法：构造器，保存用户传入的超参数。
- _z()方法：实现线性函数$g(\boldsymbol{x})$，计算$\boldsymbol{w}$与$\boldsymbol{x}$的内积（即点积，或称为数量积）。
- _sigmoid()方法：实现 logistic 函数 $\sigma(z)$。
- _predict_proba()方法：实现概率预测函数 $h_{\boldsymbol{w}}(\boldsymbol{x})$，计算$\boldsymbol{x}$ 为正例的概率。
- _loss()方法：实现损失函数$J(\boldsymbol{w})$，计算当前$\boldsymbol{w}$下的损失，该方法有以下两个用途。
    - 供早期停止法使用：如果用户通过超参数 tol 启用早期停止法，则调用该方法计算损失。
    - 方便调试：迭代过程中可以每次打印出当前损失，观察变化的情况。
- _gradient()方法：计算当前梯度 $\nabla J(\boldsymbol{w})$。
- _gradient_descent()方法：实现批量梯度下降算法。
- _preprocess_data_X()方法：对 $\boldsymbol{X}$ 进行预处理，添加x_0 列并设置为 1。
- train()方法：训练模型。该方法由 3 部分构成：
    - 对训练集的 X_train 进行预处理，添加 x_0 列并设置为 1。
    - 初始化模型参数 w，赋值较小的随机数。
    - 调用_gradient_descent()方法训练模型参数 $\boldsymbol{w}$。
- predict()方法：预测。对于 $\boldsymbol{X}$ 中每个实例，若模型预测其为正例的概率大于等于 0.5，则判为正例，否则判为负例。

2.3.2 Softmax 回归

我们再基于随机梯度下降实现一个 Softmax 回归分类器，代码如下：

```
1.  import numpy as np
2.  
3.  class SoftmaxRegression:
4.      def __init__(self, n_iter=200, eta=1e-3, tol=None):
5.          # 训练迭代次数
6.          self.n_iter = n_iter
7.          # 学习率
8.          self.eta = eta
9.          # 误差变化阈值
10.         self.tol = tol
11.         # 模型参数 W(训练时初始化)
12.         self.W = None
13. 
14.     def _z(self, X, W):
15.         '''g(x)函数：计算 x 与 w 的内积.'''
16.         if X.ndim == 1:
17.             return np.dot(W, X)
18.         return np.matmul(X, W.T)
19. 
20.     def _softmax(self, Z):
21.         '''softmax 函数'''
22.         E = np.exp(Z)
23.         if Z.ndim == 1:
24.             return E / np.sum(E)
25.         return E / np.sum(E, axis=1, keepdims=True)
26. 
27.     def _predict_proba(self, X, W):
28.         '''h(x)函数：预测 y 为各个类别的概率.'''
29.         Z = self._z(X, W)
30.         return self._softmax(Z)
31. 
32.     def _loss(self, y, y_proba):
33.         '''计算损失'''
34.         m = y.size
```

```
35.         p = y_proba[range(m), y]
36.         return -np.sum(np.log(p)) / m
37.
38.     def _gradient(self, xi, yi, yi_proba):
39.         '''计算梯度'''
40.         K = yi_proba.size
41.         y_bin = np.zeros(K)
42.         y_bin[yi] = 1
43.
44.         return (yi_proba - y_bin)[:, None] * xi
45.
46.     def _stochastic_gradient_descent(self, W, X, y):
47.         '''随机梯度下降算法'''
48.
49.         # 若用户指定 tol，则启用早期停止法
50.         if self.tol is not None:
51.             loss_old = np.inf
52.             end_count = 0
53.
54.         # 使用随机梯度下降，至多迭代 n_iter 次，更新 w
55.         m = y.size
56.         idx = np.arange(m)
57.         for step_i in range(self.n_iter):
58.             # 计算损失
59.             y_proba = self._predict_proba(X, W)
60.             loss = self._loss(y, y_proba)
61.             print('%4i Loss: %s' % (step_i, loss))
62.
63.             # 早期停止法
64.             if self.tol is not None:
65.                 # 随机梯度下降的 loss 曲线不像批量梯度下降那么平滑(上下起伏)，
66.                 # 因此连续多次(而非一次)下降到小于阈值，才终止迭代
67.                 if loss_old - loss < self.tol:
68.                     end_count += 1
69.                     if end_count == 5:
70.                         break
71.                 else:
72.                     end_count = 0
```

```
73.
74.                 loss_old = loss
75.
76.             # 每一轮迭代之前，随机打乱训练集
77.             np.random.shuffle(idx)
78.             for i in idx:
79.                 # 预测 xi 为各类别的概率
80.                 yi_proba = self._predict_proba(X[i], W)
81.                 # 计算梯度
82.                 grad = self._gradient(X[i], y[i], yi_proba)
83.                 # 更新参数 w
84.                 W -= self.eta * grad
85.
86.
87.     def _preprocess_data_X(self, X):
88.         '''数据预处理'''
89.
90.         # 扩展 X，添加 x0 列并设置为 1
91.         m, n = X.shape
92.         X_ = np.empty((m, n + 1))
93.         X_[:, 0] = 1
94.         X_[:, 1:] = X
95.
96.         return X_
97.
98.     def train(self, X_train, y_train):
99.         '''训练'''
100.
101.         # 预处理 X_train(添加 x0=1)
102.         X_train = self._preprocess_data_X(X_train)
103.
104.         # 初始化参数向量 W
105.         k = np.unique(y_train).size
106.         _, n = X_train.shape
107.         self.W = np.random.random((k, n)) * 0.05
108.
109.         # 执行随机梯度下降训练 W
```

```
110.            self._stochastic_gradient_descent(self.W, X_train,
                                                   y_train)
111.
112.        def predict(self, X):
113.            '''预测'''
114.
115.            # 预处理 X_test(添加 x0=1)
116.            X = self._preprocess_data_X(X)
117.
118.            # 对每个实例计算向量 z
119.            Z = self._z(X, self.W)
120.
121.            # 以向量 z 中最大分量的索引作为预测的类别
122.            return np.argmax(Z, axis=1)
```

上述代码简要说明如下（详细内容参看代码注释）。

- __init__()方法：构造器，保存用户传入的超参数。
- _z()方法：实现线性函数 $g(x)$，计算各个 w_j 与 x 的内积。
- _softmax()方法：实现 softmax 函数 $\sigma(z)$。
- _predict_proba()方法：实现概率预测函数 $h_W(x)$，计算 x 为各个类别的概率。
- _loss()方法：实现损失函数 $J(w)$，计算当前w下的损失。该方法有以下两个用途：
  - 供早期停止法使用：如果用户通过超参数 tol 启用早期停止法，则调用该方法计算损失。
  - 方便调试：迭代过程中可以每次打印出当前损失，观察变化的情况。
- _gradient()方法：计算当前梯度 $\nabla J(w)$。
- _stochastic_gradient_descent()方法：实现随机梯度下降算法。
- _preprocess_data_X()方法：对 X 进行预处理，添加 x_0 列并设置为 1。
- train()方法：训练模型。该方法由 3 部分构成：
  - 对训练集的 X_train 进行预处理，添加 x_0 列并设置为 1。
  - 初始化模型参数 w，赋值较小的随机数。
  - 调用_stochastic_gradient_descent()方法训练模型参数 W。
- predict()方法：预测。对于 X 中每个实例，计算由各线性函数值 z_j 构成的向量 z，以其最大分量的索引作为预测类别。

2.4 项目实战

最后，我们分别来做一个 Logistic 回归和一个 Softmax 回归的实战项目：使用 Logistic 回归和 Softmax 回归分别来鉴别红酒的种类，如表 2-1 所示。

表2-1 红酒数据集（https://archive.ics.uci.edu/ml/datasets/wine）

列号	列名	含义	特征/类标记	可取值
1	class	葡萄酒类别	类标记	1,2,3
2	Alcohol	酒精度	特征	实数
3	Malic acid	苹果酸	特征	实数
4	Ash	灰	特征	实数
5	Alcalinity of ash	灰分的碱度	特征	实数
6	Magnesium	镁含量	特征	实数
7	Total phenols	总酚类	特征	实数
8	Flavonoids	黄烷类	特征	实数
9	Nonflavonoid phenols	非类黄烷酚	特征	实数
10	Proanthocyanins	原花青素	特征	实数
11	Color intensity	颜色强度	特征	实数
12	Hue	色相	特征	实数
13	OD280/OD315 of diluted wines	稀释葡萄酒的 OD280/ OD315	特征	实数
14	Proline	脯氨酸	特征	实数

数据集总共有 178 条数据，其中每一行包含一个红酒样本的类标记以及 13 个特征，这些特征是酒精度、苹果酸浓度等化学指标。红酒的种类有 3 种，Softmax 回归可以处理多元分类问题，而 Logistic 回归只能处理二元分类问题，因此在做 Logistic 回归项目时，我们从数据集中去掉其中的一类红酒样本，使用剩下的两类红酒样本作为训练数据。

读者可使用任意方式将红酒数据集文件 letter-recognition.data 下载到本地。此文件所在的 URL 为：https://archive.ics.uci.edu/ml/machine-learning-databases/wine/wine.data。

2.4.1 Logistic 回归

1. 准备数据

首先，调用 Numpy 的 genfromtxt 函数加载数据集：

```
1.  >>> import numpy as np
2.  >>> X = np.genfromtxt('wine.data', delimiter=',', usecols=range(1,
14))
3.  >>> X
4.  array([[1.  423e+01, 1.710e+00, 2.430e+00, ..., 1.040e+00,
5.          3.920e+00, 1.065e+03],
6.         [1.320e+01, 1.780e+00, 2.140e+00, ..., 1.050e+00, 3.400e+00,
7.          1.050e+03],
8.         [1.316e+01, 2.360e+00, 2.670e+00, ..., 1.030e+00, 3.170e+00,
9.          1.185e+03],
10.        ...,
11.        [1.327e+01, 4.280e+00, 2.260e+00, ..., 5.900e-01, 1.560e+00,
12.         8.350e+02],
13.        [1.317e+01, 2.590e+00, 2.370e+00, ..., 6.000e-01, 1.620e+00,
14.         8.400e+02],
15.        [1.413e+01, 4.100e+00, 2.740e+00, ..., 6.100e-01, 1.600e+00,
16.         5.600e+02]])
17. >>> y = np.genfromtxt('wine.data', delimiter=',', usecols=0)
18. >>> y
19. array([1., 1., 1., 1., 1., 1., 1., 1., 1., 1., 1., 1., 1., 1., 1.,
1., 1.,
20.        1., 1., 1., 1., 1., 1., 1., 1., 1., 1., 1., 1., 1., 1., 1., 1.,
1.,
21.        1., 1., 1., 1., 1., 1., 1., 1., 1., 1., 1., 1., 1., 1., 1., 1.,
1.,
22.        1., 1., 1., 1., 1., 1., 1., 1., 2., 2., 2., 2., 2., 2., 2., 2.,
2.,
23.        2., 2., 2., 2., 2., 2., 2., 2., 2., 2., 2., 2., 2., 2., 2., 2.,
2.,
24.        2., 2., 2., 2., 2., 2., 2., 2., 2., 2., 2., 2., 2., 2., 2., 2.,
2.,
25.        2., 2., 2., 2., 2., 2., 2., 2., 2., 2., 2., 2., 2., 2., 2., 2.,
2.,
26.        2., 2., 2., 2., 2., 2., 2., 2., 2., 2., 2., 3., 3., 3., 3., 3.,
3.,
27.        3., 3., 3., 3., 3., 3., 3., 3., 3., 3., 3., 3., 3., 3., 3., 3.,
3.,
```

```
28.         3., 3., 3., 3., 3., 3., 3., 3., 3., 3., 3., 3., 3., 3., 3., 3.,
3.,
29.         3., 3., 3., 3., 3., 3., 3., 3.])
```

在这个项目中，我们使用 Logistic 回归鉴别第 1 类和第 2 类红酒，因此将数据集中第 3 类红酒样本去除：

```
1.  >>> idx = y != 3
2.  >>> X = X[idx]
3.  >>> X
4.  array([[1.423e+01, 1.710e+00, 2.430e+00, ..., 1.040e+00, 3.920e+00,
5.          1.065e+03],
6.         [1.320e+01, 1.780e+00, 2.140e+00, ..., 1.050e+00, 3.400e+00,
7.          1.050e+03],
8.         [1.316e+01, 2.360e+00, 2.670e+00, ..., 1.030e+00, 3.170e+00,
9.          1.185e+03],
10.        ...,
11.        [1.179e+01, 2.130e+00, 2.780e+00, ..., 9.700e-01, 2.440e+00,
12.         4.660e+02],
13.        [1.237e+01, 1.630e+00, 2.300e+00, ..., 8.900e-01, 2.780e+00,
14.         3.420e+02],
15.        [1.204e+01, 4.300e+00, 2.380e+00, ..., 7.900e-01, 2.570e+00,
16.         5.800e+02]])
17. >>> y = y[idx]
18. >>> y
19. array([1., 1., 1., 1., 1., 1., 1., 1., 1., 1., 1., 1., 1., 1., 1.,
1., 1.,
20.         1., 1., 1., 1., 1., 1., 1., 1., 1., 1., 1., 1., 1., 1., 1., 1.,
1.,
21.         1., 1., 1., 1., 1., 1., 1., 1., 1., 1., 1., 1., 1., 1., 1., 1.,
1.,
22.         1., 1., 1., 1., 1., 1., 1., 1., 2., 2., 2., 2., 2., 2., 2., 2.,
2.,
23.         2., 2., 2., 2., 2., 2., 2., 2., 2., 2., 2., 2., 2., 2., 2., 2.,
2.,
24.         2., 2., 2., 2., 2., 2., 2., 2., 2., 2., 2., 2., 2., 2., 2., 2.,
2.,
25.         2., 2., 2., 2., 2., 2., 2., 2., 2., 2., 2., 2., 2., 2., 2., 2.,
2.,
```

```
26.        2., 2., 2., 2., 2., 2., 2., 2., 2., 2., 2.])
```

另外，目前 y 中的类标记为 1 和 2，转换为算法所使用的 0 和 1：

```
1.  >>> y -= 1
2.  >>> y
3.  array([0., 0., 0., 0., 0., 0., 0., 0., 0., 0., 0., 0., 0., 0., 0.,
0., 0.,
4.         0., 0., 0., 0., 0., 0., 0., 0., 0., 0., 0., 0., 0., 0., 0., 0.,
0.,
5.         0., 0., 0., 0., 0., 0., 0., 0., 0., 0., 0., 0., 0., 0., 0., 0.,
0.,
6.         0., 0., 0., 0., 0., 0., 0., 0., 1., 1., 1., 1., 1., 1., 1., 1.,
1.,
7.         1., 1., 1., 1., 1., 1., 1., 1., 1., 1., 1., 1., 1., 1., 1., 1.,
1.,
8.         1., 1., 1., 1., 1., 1., 1., 1., 1., 1., 1., 1., 1., 1., 1., 1.,
1.,
9.         1., 1., 1., 1., 1., 1., 1., 1., 1., 1., 1., 1., 1., 1., 1., 1.,
1.,
10.        1., 1., 1., 1., 1., 1., 1., 1., 1., 1., 1.])
```

至此，数据准备完毕。

2. 模型训练与测试

LogisticRegression 的超参数有：

（1）梯度下降最大迭代次数 n_iter
（2）学习率 eta
（3）损失降低阈值 tol（tol 不为 None 时，开启早期停止法）

先以超参数（n_iter=2000，eta=0.01，tol=0.0001）创建模型：

```
1.  >>> from logistic_regression import LogisticRegression
2.  >>> clf = LogisticRegression(n_iter=2000, eta=0.01, tol=0.0001)
```

然后，调用 sklearn 中的 train_test_split 函数将数据集切分为训练集和测试集（比例为 7:3）：

```
1.  >>> from sklearn.model_selection import train_test_split
2.  >>> X_train, X_test, y_train, y_test = train_test_split(X, y,
test_size=0.3)
```

在第 1 章中曾讨论过，应用梯度下降算法时，应保证各特征值相差不大。观察下面的数据集特征均值及方差：

```
1.  >>> X.mean(axis=0)
2.  array([1.29440769e+01, 1.96807692e+00, 2.34046154e+00,
1.87853846e+01,
3.         9.99000000e+01, 2.52269231e+00, 2.49000000e+00,
3.30230769e-01,
4.         1.75238462e+00, 4.19476923e+00, 1.05889231e+00,
2.95438462e+00,
5.         7.90092308e+02])
6.  >>> X.var(axis=0)
7.  array([7.83834917e-01, 7.68387840e-01, 8.76259408e-02,
1.14741710e+01,
8.         2.34766923e+02, 2.95165828e-01, 5.40110769e-01,
1.18084083e-02,
9.         2.88898160e-01, 2.62283572e+00, 2.82373576e-02,
2.24046160e-01,
10.        1.23309545e+05])
```

发现其中一些特征值差别较大，因此调用 sklearn 中的 StandardScaler 函数对各特征值进行缩放：

```
1.  >>> from sklearn.preprocessing import StandardScaler
2.  >>> ss = StandardScaler()
3.  >>> ss.fit(X_train)
4.  StandardScaler(copy=True, with_mean=True, with_std=True)
5.  >>> X_train_std = ss.transform(X_train)
6.  >>> X_test_std = ss.transform(X_test)
7.  >>> X_train_std[:3]
8.  array([[ 0.11880613,  0.14021041,  2.90295463,  1.6313308 ,
1.44203794,
9.          0.10847775,  0.18001387,  1.28632362,  0.25373657,
-0.38491269,
10.         0.44287056,  0.52346046,  0.09647931],
11.        [-0.61993088,  0.71134502, -0.21844373,  0.81967906,
-0.65855782,
12.        -1.71247403, -0.96286489,  3.04585965, -0.63984036,
-0.91480453,
13.        -1.32357907,  0.75116075, -1.33937419],
```

```
14.        [-0.36195923, -0.64795535, -1.03986435, -0.58718395,
-0.04073554,
15.         -1.06076497, -1.54790997,  1.84196658, -2.06956344,
0.92175241,
16.         -0.53849034, -3. 14251427, -0.96298541]])
17. >>> X_test_std[:3]
18. array([[-0.72546473, -0.94494535, -0.1855869 , -0.80362441,
0.02104669,
19.         -1.00326123, -1.98329235,  2.76803817, -2.44486575,
-0.57157914,
20.          1.22795929, -2.96035404, -0.32173045],
21.        [ 1.06861084, -0.47661497,  1.09582927,  1.6313308 ,
-0.90568673,
22.          0.72185098,  0.42491646, -1.12146252,  0.16437888,
-0.50534266,
23.          1.94762395,  0.43238034, -1.07450801],
24.        [-0.51439702, -0.22531574, -1.17129164,  0.41385319,
-0.96746896,
25.         -0.71574253, -0.85401929, -0.10278377, -0.53261113,
-0.77028858,
26.         -0.14594598,  1.36595154, -0.34403497]])
```

接下来，训练模型：

```
1.  >>> clf.train(X_train_std, y_train)
2.     0 Loss: 0.7330723153684124
3.     1 Loss: 0.72438967420864
4.     2 Loss: 0.7158883537077279
5.     3 Loss: 0.7075647055742007
6.     4 Loss: 0.699415092738375
7.     5 Loss: 0.691435894577802
8.      ...
9.   710 Loss: 0.12273875001717284
10.  711 Loss: 0.12263819712826703
11.  712 Loss: 0.12253785223988992
12.  713 Loss: 0.1224377146473229
13.  714 Loss: 0.12233778364922131
```

经过 700 多次迭代后算法收敛。图 2-3 所示为训练过程中的损失（loss）曲线。

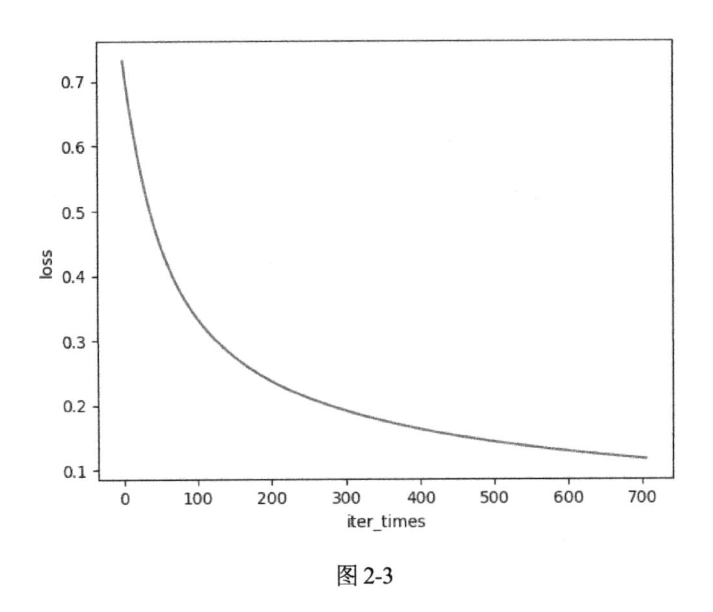

图 2-3

使用已训练好的模型对测试集中的实例进行预测，并调用 sklearn 中的 accuracy_score 函数计算预测的准确率：

```
1.  >>> from sklearn.metrics import accuracy_score
2.  >>> y_pred = clf.predict(X_test_std)
3.  >>> accuracy = accuracy_score(y_test, y_pred)
4.  >>> accuracy
5.  1.0
```

单次测试一下，预测的准确率为 100%，再进行多次（50 次）反复测试，观察平均的预测准确率：

```
1.  >>> def test(X, y):
2.  ...     X_train, X_test, y_train, y_test = train_test_split(X, y,
test_size=0.3)
3.  ...
4.  ...     ss = StandardScaler()
5.  ...     ss.fit(X_train)
6.  ...     X_train_std = ss.transform(X_train)
7.  ...     X_test_std = ss.transform(X_test)
8.  ...
9.  ...     clf = LogisticRegression(n_iter=2000, eta=0.01, tol=0.0001)
10. ...     clf.train(X_train_std, y_train)
```

```
11. ...
12. ...     y_pred = clf.predict(X_test_std)
13. ...     accuracy = accuracy_score(y_test, y_pred)
14. ...     return accuracy
15. ...
16. >>> accuracy_mean = np.mean([test(X, y) for _ in range(50)])
17. >>> accuracy_mean
18. 0.9805128205128206
```

50 次测试平均的预测准确率为 98.05%，这表明几乎只有一个实例被预测错误，结果令人满意。读者还可以尝试使用其他超参数的组合创建模型，但该分类问题比较简单，性能提升空间不大。

至此，Logistic 回归项目就完成了。

2.4.2 Softmax 回归

1. 准备数据

除了无须去掉第 3 类红酒样本外，Softmax 回归项目的数据准备工作与 Logistic 回归项目的数据准备工作完全相同。

首先，调用 Numpy 的 genfromtxt 函数加载数据集：

```
1.  >>> import numpy as np
2.  >>> X = np.genfromtxt('wine.data', delimiter=',', usecols=range(1,
14))
3.  >>> y = np.genfromtxt('wine.data', delimiter=',', usecols=0)
```

然后，将目前 y 中的类标记为(1,2,3)，转换为算法所使用的(0,1,2)：

```
1.  >>> y -= 1
```

至此，数据准备完毕。

2. 模型训练与测试

Softmax 回归项目中的模型训练与测试过程与之前 Logistic 回归项目中的完全相同，以下叙述中某些细节不再重复。

SoftmaxRegression 的超参数与 LogisticRegression 相同：

（1）梯度下降最大迭代次数 n_iter

（2）学习率 eta

（3）损失降低阈值 tol（tol 不为 None 时，开启早期停止法）

我们依然使用超参数（n_iter=2000，tol=0.01，eta=0.0001）创建模型：

```
1.  >>> from softmax_regression import SoftmaxRegression
2.  >>> clf = SoftmaxRegression(n_iter=2000, eta=0.01, tol=0.0001)
```

将数据集切分为训练集和测试集（比例为 7:3）：

```
1.  >>> from sklearn.model_selection import train_test_split
2.  >>> X_train, X_test, y_train, y_test = train_test_split(X, y, 
test_size=0.3)
```

对各特征值进行缩放：

```
1.  >>> from sklearn.preprocessing import StandardScaler
2.  >>> ss = StandardScaler()
3.  >>> ss.fit(X_train)
4.  StandardScaler(copy=True, with_mean=True, with_std=True)
5.  >>> X_train_std = ss.transform(X_train)
6.  >>> X_test_std = ss.transform(X_test)
```

训练模型：

```
1.  >>> clf.train(X_train_std, y_train)
2.      0 Loss: 1.1483823399828617
3.      1 Loss: 0.3360318473642378
4.      2 Loss: 0.22362742655678353
5.      3 Loss: 0.17673512423650206
6.      4 Loss: 0.1500298205757405
7.      5 Loss: 0.13187232998549944
8.      ...
9.    124 Loss: 0.016775944169047555
10.   125 Loss: 0.016676511693757688
11.   126 Loss: 0.01657807933519901
12.   127 Loss: 0.016480527435067803
13.   128 Loss: 0.01638475036830267
14.   129 Loss: 0.016289674417589398
```

使用已训练好的模型对测试集进行预测，并计算预测的准确率：

```
1.  >>> from sklearn.metrics import accuracy_score
2.  >>> y_pred = clf.predict(X_test_std)
3.  >>> accuracy = accuracy_score(y_test, y_pred)
```

```
4.  >>> accuracy
5.  0.  9814814814814815
```

单次测试一下，预测的准确率为 98.15%，同样，再进行多次（50 次）反复测试，观察平均的预测准确率：

```
1.  >>> def test(X, y):
2.  ...     X_train, X_test, y_train, y_test = train_test_split(X, y,
test_size=0.3)
3.  ...
4.  ...     ss = StandardScaler()
5.  ...     ss.fit(X_train)
6.  ...     X_train_std = ss.transform(X_train)
7.  ...     X_test_std = ss.transform(X_test)
8.  ...
9.  ...     clf = SoftmaxRegression(n_iter=2000, eta=0.01, tol=0.0001)
10. ...     clf.train(X_train_std, y_train)
11. ...
12. ...     y_pred = clf.predict(X_test_std)
13. ...     accuracy = accuracy_score(y_test, y_pred)
14. ...     return accuracy
15. ...
16. >>> accuracy_mean = np.mean([test(X, y) for _ in range(50)])
17. >>> accuracy_mean
18. 0.  9803703703703703
```

50 次测试平均的预测准确率为 98.04%，与之前的 Logistic 回归性能几乎相同。

至此，Softmax 回归项目也完成了。

第3章

决策树——分类树

决策树是应用广泛的一种归纳推理算法，在分类问题中，决策树算法基于特征对样本进行分类，构成一棵包含一系列 if-then 规则的树，在数学上可以将这棵树解释为定义在特征空间与类空间上的条件概率分布。决策树的主要优点是分类速度快、健壮性好（训练数据可包含错误）、模型具有可读性，目前已被成功应用到医疗诊断、贷款风险评估等领域。

3.1 决策树模型

我们通过一个经典例子来了解决策树模型。

假设你有一位和你一样热爱打网球的朋友，尽管他对打网球有足够的兴趣，但他对什么天气打网球却非常在意。你每次约他打球，他总要根据当时的天气情况决定是否去玩。图 3-1 所示的表格为你在各种天气下约他打球的历史记录，其中包含 4 项天气指标以及是否去打球了。

在你今天约他打球之前，我们可以利用以上数据（“天气”为特征，“是否去玩”为类标记）构建出如图 3-2 所示的一棵决策树，再根据今天的天气情况判断他是否会去打球。

Day	Outlook	Temperature	Humidity	Wind	PlayTennis
D1	Sunny	Hot	High	Weak	No
D2	Sunny	Hot	High	Strong	No
D3	Overcast	Hot	High	Weak	Yes
D4	Rain	Mild	High	Weak	Yes
D5	Rain	Cool	Normal	Weak	Yes
D6	Rain	Cool	Normal	Strong	No
D7	Overcast	Cool	Normal	Strong	Yes
D8	Sunny	Mild	High	Weak	No
D9	Sunny	Cool	Normal	Weak	Yes
D10	Rain	Mild	Normal	Weak	Yes
D11	Sunny	Mild	Normal	Strong	Yes
D12	Overcast	Mild	High	Strong	Yes
D13	Overcast	Hot	Normal	Weak	Yes
D14	Rain	Mild	High	Strong	No

图 3-1

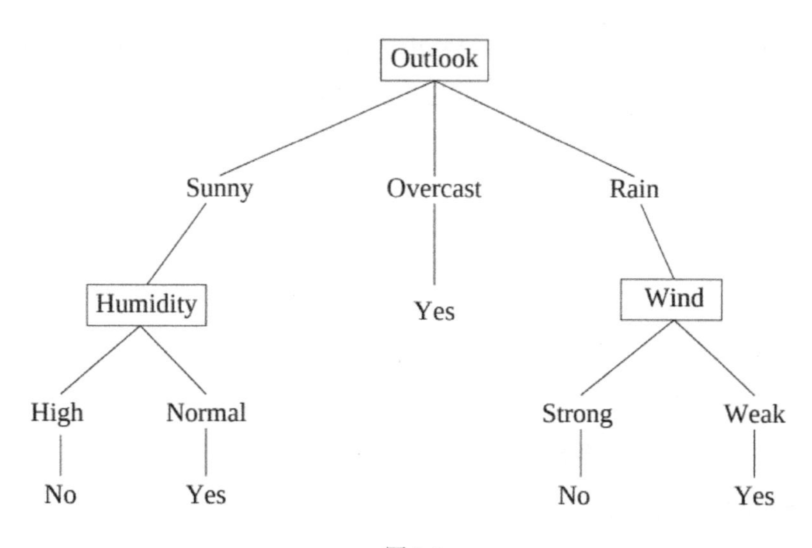

图 3-2

可以看出，一棵决策树是由节点（Node）和有向边（Directed Edge）构成的，其中节点有两类：内部节点（Internal Node）和叶节点（Leaf Node）。内部节点表示某一特征，叶节点表示某一分类标记。

决策树对实例进行分类时，从树根节点开始递归执行以下过程：

（1）若当前节点为内部节点，则根据样本对应特征的值移动到当前节点的某个子　节点。

（2）若当前节点为内部节点，则返回叶节点所表示的分类标记，分类过程结束。

下面是我们根据以上决策树及当前天气情况（阴晴、气温、湿度、风力）判断你朋友是否会去打球的几个例子（不同天气）：

（1）先看看阴晴，今天是晴天；再看看湿度，今天湿度高；他不会去打的。

（2）先看看阴晴，今天是雨天；再看看风力，今天风不大；他会去打的。

（3）先看看阴晴，今天是多云；不用考虑其他了，他会去打的。

通过以上例子可以看出，决策树的决策过程就像是执行一个包含一系列嵌套 if-else 语句的算法，该算法并非手写，而是根据训练样本自动生成的。

3.2 生成决策树

通过前面的例子，我们对决策树如何决策有了直观的了解。接下来，考虑如何生成决策树。决策树本质上是从训练数据集中归纳出来的一组分类规则，与训练数据不矛盾（对所有训练数据都能做出正确分类）的决策树可能有多个，也可能没有。我们的目标是找到一棵与训练数据矛盾较小，且有较强泛化能力的决策树。

决策树构造算法，其输入输出如下。

输入： 训练数据 $\boldsymbol{D}$，特征集合 $\boldsymbol{A}$。
输出： 决策树（或子树）。

基本的决策树构造算法为递归算法，流程如下：

（1）如果当前数据集 $\boldsymbol{D}$ 中所有样本属于同一类，则

- 创建叶节点，节点的值为唯一的类标记。

（2）如果当前特征集合$\boldsymbol{A} = \varnothing$，则

- 创建叶节点，节点的值为数据集$\boldsymbol{D}$ 中出现最多的类标记。

（3）否则

- 创建内部节点，节点的值为数据集$\boldsymbol{D}$ 中出现最多的类标记。
- 从特征集合$\boldsymbol{A}$中以某种规则（特征选择）抽取一个特征 a_i，再根据该特征的值切分当前数据集$\boldsymbol{D}$，得到数据子集 $\boldsymbol{D}_1, \boldsymbol{D}_2, \ldots, \boldsymbol{D}_k$。
- 使用 k 个数据子集 $\boldsymbol{D}_1, \boldsymbol{D}_2, \ldots, \boldsymbol{D}_k$ 以及特征子集 $\boldsymbol{A} - \{a_i\}$ 递归调用决策树构造算法，创建 k 个子树。
- 将当前内部节点作为 k 个子树的父节点。

大致了解上面的算法流程后，大家可能会提出新的疑问：在创建内部节点时，应使用怎样的原则选择用于切分数据集的特征（例如，为什么先以特征“阴晴”建立节点，而不是特征“湿度”呢）？下一节内容将解答这个问题。

3.3　切分特征的选择

选择切分特征时，应选择最有助于分类的特征，即按照这个特征将当前数据集进行切分，能使得各个数据子集的样本尽可能属于同一类别，也就是尽量提高各数据子集的纯度（Purity），降低不确定性。

在概率统计与信息论中，用信息熵（Information Entropy）来度量随机变量的不确定性。在使用一个特征切分数据集后，用信息增益（Information Gain）或信息增益比（Information Gain Ratio）来量化分类不确定性降低的程度。下面我们来学习这些概念。

3.3.1　信息熵

设 X 为一个可取有限个值 $\{x_1,x_2,\ldots,x_n\}$ 的离散随机变量，其概率分布为：

$$p_i = P(X = x_i)$$

则随机变量 X 的信息熵定义为：

$$H(X) = -\sum_{i=1}^{n} p_i \log p_i$$

上式中，对数 log 以 2 为底时，熵的单位为比特（bit），以自然对数 e 为底时，熵的单位为纳特（nat）。另外，如果 $p_i = 0$，则定义 $0\log 0 = 0$，信息熵值越大，表示不确定性越强。

举一个例子，投掷某硬币，朝上的面为随机变量 X，其中正面朝上的概率为 p，反面朝上的概率则为 $1-p$。

根据定义，X 的信息熵为：

$$H(X) = -p\log_2 p - (1-p)\log_2(1-p)$$

信息熵 $H(X)$ 随概率 p 变化的曲线如图 3-3 所示。

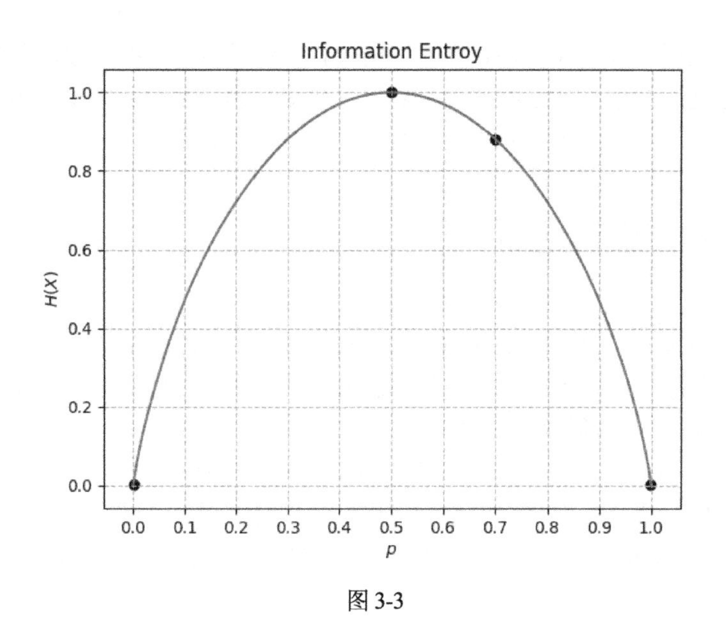

图 3-3

图 3-3 中信息熵反映出的不确定性与我们日常的直觉是相符的，例如：

- 当$p=0$或$p=1$时，$H(X)=0$，总是出现正面或反面，随机变量完全没有不确定性。
- 当$p=0.5$ 时，$H(X)=1$，正反面出现是等概率的，随机变量不确定性最高。
- 当$p=0.7$ 时，$H(X)=0.8813$，因为更大程度会出现正面，所以不确定性比$p=0.5$ 时要低。

3.3.2 条件信息熵

前面我们学习了一元随机变量熵的概念，在多元随机变量中，条件 $H(Y|X)$ 表示在随机变量 X 条件下，随机变量 Y 的不确定性。

假设 X 的概率分布为：

$$p_i = P_X(X = x_i)$$

Y 在 X 条件下的条件概率分布为：

$$p_{j|i} = P_{Y|X}(y_j | x_i)$$

条件熵 $H(Y|X)$ 定义为：

$$H(Y|X)=\sum_{i=1}^{n}P_X(X=x_i)\,H(Y|X=x_i)$$
$$=\sum_{i=1}^{n}\left(-p_i\sum_{j=1}^{m}P_{j|i}\log p_{j|i}\right)$$

可以看出，条件熵是在随机变量 X 条件下随机变量 Y 的熵的数学期望。

在决策树学习中，熵和条件熵是由训练数据估计得到的。假设训练数据集 D，其中数据分为为 k 个类别 $\{C_1,C_2,\ldots,C_k\}$，数据集 D 的熵 $H(D)$ 定义为：

$$H(D)=-\sum_{i=1}^{k}\frac{|C_i|}{|D|}\log\frac{|C_i|}{|D|}$$

以特征 A 对 D 进行分割，得到 n 个数据子集 $\{D_1,D_2,\ldots,D_n\}$，以特征 A 为条件 D 的条件熵 $H(D|A)$ 定义为：

$$H(D|A)=\sum_{i=1}^{n}\frac{|D_i|}{|D|}H(D_i)$$
$$=-\sum_{i=1}^{n}\left(\frac{|D_i|}{|D|}\sum_{j=1}^{k}\frac{|C_{ij}|}{|D_i|}\log\frac{|C_{ij}|}{|D_i|}\right)$$

式中，$|\cdot|$ 表示数据集容量。

3.3.3 信息增益

学习了熵和条件熵的概念，我们最后来学习信息增益的概念。前面提到过，在使用一个特征切分数据集后，信息增益用来量化分类的不确定性降低的程度，即熵降低的程度。

假设有数据集 D 和特征 A，信息增益 $g(D,A)$ 定义如下：

$$g(D,A)=H(D)-H(D|A)$$

信息增益即数据集 D 的熵 $H(D)$ 与在特征 A 条件下的条件熵 $H(D|A)$ 之差，信息增益越大，说明条件 A 克服的不确定性越大，具有更强的分类能力。选择切分特征时，我们可以以信息增益作为指标：计算每个特征的信息增益，选择信息增益最大的特征作为切分特征。

下面以前面的网球数据集为例来演示如何通过信息增益选择第一个特征。

先计算当前数据集 D 的信息熵（数据中有 9 个 Yes 和 5 个 No）：

$$H(D) = -\frac{9}{14}\log_2\frac{9}{14} - \frac{5}{14}\log_2\frac{5}{14}$$
$$= 0.940$$

再计算各特征的条件熵，先以 Outlook 特征为例（数据中有 5 个 Sunny，4 个 Overcast，5 个 Rain）：

$$\begin{aligned} H(D|Outlook) =& \frac{5}{14}H(D|Outlook = Sunny) + \\ & \frac{4}{14}H(D|Outlook = Overcast) + \\ & \frac{5}{14}H(D|Outlook = Rain) \\ =& \frac{5}{14}\left(-\frac{2}{5}\log_2\frac{2}{5} - \frac{3}{5}\log_2\frac{3}{5}\right) + \\ & \frac{4}{14}\left(-\frac{4}{4}\log_2\frac{4}{4} - \frac{0}{4}\log_2\frac{0}{4}\right) + \\ & \frac{5}{14}\left(-\frac{3}{5}\log_2\frac{3}{5} - \frac{2}{5}\log_2\frac{2}{5}\right) \\ =& 0.694 \end{aligned}$$

以同样的方法计算出其他特征的条件熵：

$$\begin{aligned} H(D|Temperature) &= 0.911 \\ H(D|Humidity) &= 0.789 \\ H(D|Wind) &= 0.892 \end{aligned}$$

计算各特征的信息增益：

$$\begin{aligned} g(D, Outlook) &= 0.940 - 0.694 = 0.246 \\ g(D, Temperature) &= 0.940 - 0.911 = 0.029 \\ g(D, Humidity) &= 0.940 - 0.789 = 0.151 \\ g(D, Wind) &= 0.940 - 0.892 = 0.048 \end{aligned}$$

比较发现特征 Outlook 的信息增益最大，因此选择特征 Outlook 建立内部节点。第一个切分特征的选择我们就演示完了。接下来在创建子树时，使用同样的方法继续选择特征创建内部节点，最终将得到如图 3-2 所示的决策树。另外，大家可能会好奇，为什么最终决策树中没有 Temperature 特征对应的内部节点？这是因为 Temperature 特征的信息增益在各种情况下都很低，以至于没等到选择它，数据集内数据的所有类标记已经一致了（直接创建了叶节点）。

3.3.4 信息增益比

依据信息增益选择切分特征时，如果一个特征的可取值较多，通常它的信息增益更大，该特征则会被优先选择，这对于可取值较少的特征有失公平。为避免这样的问题，可以以信息增益比为指标来选择切分特征，信息增益比实质上就是在信息增益的基础上对可取值较多的特征做出一定“惩罚”。

假设有数据集 D 以及特征 A，根据 A 的 n 个可取值将 D 切分为 $\{D_1, D_2, \ldots, D_n\}$，以特征 A 的值为分类标记计算熵：

$$H_A(D) = -\sum_{i=1}^{n} \frac{|D_i|}{|D|} \log 2 \frac{|D_i|}{|D|}$$

信息增益比定义为：

$$g_{ratio}(D, A) = \frac{g(D, A)}{H_A(D)}$$

3.4 算法实现

决策树有多种实现，其中 ID3 和 C4.5 是比较著名的两种实现，两者均是以我们之前讲过的基本决策树算法为主框架：前者依据信息增益做特征选择，而后者依据信息增益比做特征选择。

这里我们实现相对简单的 ID3 算法，代码如下：

```
1.  import numpy as np
2.
3.  class DecisionTree:
4.      class Node:
5.          def __init__(self):
6.              self.value = None
7.
8.              # 内部叶节点属性
9.              self.feature_index = None
10.             self.children = {}
11.
12.         def __str__(self):
13.             if self.children:
```

```
14.                 s = '内部节点<%s>:\n' % self.feature_index
15.                 for fv, node in self.children.items():
16.                     ss = '[%s]-> %s' % (fv, node)
17.                     s += '\t' + ss.replace('\n', '\n\t') + '\n'
18.             else:
19.                 s = '叶节点(%s)' % self.value
20.             return s
21. 
22.     def __init__(self, gain_threshold=1e-2):
23.         # 信息增益阈值
24.         self.gain_threshold = gain_threshold
25. 
26.     def _entropy(self, y):
27.         '''熵: -sum(pi*log(pi))'''
28. 
29.         c = np.bincount(y)
30.         p = c[np.nonzero(c)] / y.size
31.         return -np.sum(p * np.log2(p))
32. 
33.     def _conditional_entropy(self, feature, y):
34.         '''条件熵'''
35. 
36.         feature_values = np.unique(feature)
37.         h = 0.
38.         for v in feature_values:
39.             y_sub = y[feature == v]
40.             p = y_sub.size / y.size
41.             h +=  p * self._entropy(y_sub)
42.         return h
43. 
44.     def _information_gain(self, feature, y):
45.         '''信息增益 = 经验熵 - 经验条件熵'''
46.         return self._entropy(y) - self._conditional_entropy(feature, y)
47. 
48.     def _select_feature(self, X, y, features_list):
49.         '''选择信息增益最大的特征'''
50. 
51.         # 正常情况下，返回特征(最大信息增益)在 features_list 中的 index 值
```

```
52.         if features_list:
53.             gains = np.apply_along_axis(self._information_gain, 0,
X[:, features_list], y)
54.             index = np.argmax(gains)
55.             if gains[index] > self.gain_threshold:
56.                 return index
57.
58.         # 当 features_list 已为空，或所有特征信息增益都小于阈值时，返回 None
59.         return None
60.
61.     def _build_tree(self, X, y, features_list):
62.         '''决策树构造算法(递归)'''
63.
64.         # 创建节点
65.         node = DecisionTree.Node()
66.         # 统计数据集中样本类标记的个数
67.         labels_count = np.bincount(y)
68.         # 任何情况下节点值总等于数据集中样本最多的类标记
69.         node.value = np.argmax(np.bincount(y))
70.
71.         # 判断类标记是否全部一致
72.         if np.count_nonzero(labels_count) != 1:
73.             # 选择信息增益最大的特征
74.             index = self._select_feature(X, y, features_list)
75.
76.             # 能选择到适合的特征时，创建内部节点，否则创建叶节点
77.             if index is not None:
78.                 # 将已选特征从特征集合中删除
79.                 node.feature_index = features_list.pop(index)
80.
81.                 # 根据已选特征的取值划分数据集，并使用数据子集创建子树
82.                 feature_values = np.unique(X[:, node.feature_index])
83.                 for v in feature_values:
84.                     # 筛选出数据子集
85.                     idx = X[:, node.feature_index] == v
86.                     X_sub, y_sub = X[idx], y[idx]
87.                     # 创建子树
```

```
    88.                     node.children[v] = self._build_tree(X_sub, y_sub,
features_list.copy())
    89.
    90.         return node
    91.
    92.     def _predict_one(self, x):
    93.         '''搜索决策树，对单个实例进行预测'''
    94.
    95.         # 爬树一直爬到某叶节点为止，返回叶节点的值
    96.         node = self.tree_
    97.         while node.children:
    98.             child = node.children.get(x[node.feature_index])
    99.             if not child:
    100.                # 根据测试点属性值不能找到相应子树(这是有可能的)
    101.                # 则停止搜索，将该内部节点当作叶节点(返回其值)
    102.                break
    103.            node = child
    104.
    105.        return node.value
    106.
    107.    def train(self, X_train, y_train):
    108.        '''训练'''
    109.
    110.        _, n = X_train.shape
    111.        self.tree_ = self._build_tree(X_train, y_train,
list(range(n)))
    112.
    113.    def predict(self, X):
    114.        '''预测'''
    115.
    116.        # 对每一个实例调用_predict_one，返回收集到的结果数组
    117.        return np.apply_along_axis(self._predict_one, axis=1,
arr=X)
    118.
    119.    def __str__(self):
    120.        '''生成决策树的对应字符串(用于打印输出决策树)'''
    121.
    122.        if hasattr(self, 'tree_'):
```

```
123.                return str(self.tree_)
124.            return ''
```

上述代码简要说明如下（详细内容参看代码注释）。

- 创建了一个内部类 Node，它用来表示树中的节点。
  - 叶节点用 value 属性记录节点的值，即分类标记。
  - 内部节点用 feature_index 属性记录该节点对应哪个特征（特征的索引值）；用 children 属性（字典）记录它的子节点。
- _entropy()方法：根据公式计算信息熵。
- _conditional_entropy()方法：根据公式计算条件熵。
- _information_gain()方法：根据公式计算信息增益。
- _select_feature()方法：选择切分特征。计算当前 features_list 中每一个特征的信息增益，返回信息增益最大的特征。
- _build_tree()方法：决策树构造算法，它是一个递归算法，和之前讲到的基本决策树构造算法的流程相对应。
- _predict_one()方法：用于对单个实例进行预测，实质上就是根据实例进行爬树，一直到爬到某个叶节点停止，叶节点的值便是预测的分类结果。
  - train()方法：训练模型。内部调用_build_tree 方法构造决策树。
  - predict()方法：预测。对 $\boldsymbol{X}$ 中所有实例调用_predict_one 方法进行预测。

3.5 绘制决策树

有时我们希望能以图形化的方式将决策树展示出来，本节我们来实现一个决策树绘制器。

实现决策树绘制器，先使用一个规模很小的数据集，经过学习得到一棵决策树，如表 3-1 所示。

表3-1　隐形眼镜数据集（https://archive.ics.uci.edu/ml/datasets/lenses）

列号	列名	特征/类标记	可取值
1	ID	-	-
2	age of the patient	特征	1 (young), 2 (pre-presbyopic), 3 (presbyopic)
3	spectacle prescription	特征	1 (myope), 2 (hypermetrope)
4	astigmatic	特征	1 (no), 2 (yes)

（续表）

列号	列名	特征/类标记	可取值
5	tear production rate	特征	1 (reduced), 2 (normal)
6	Class	类标记	1 (hard contact lenses), 2 (soft contact lenses), 3 (no contact lenses)

该数据集中的每个样本包含患者的年龄、近视/远视、是否散光、流泪量 4 个特征，以及医生推荐他们佩戴的隐形眼镜类型（硬材质、软材质、不佩戴）。使用该数据集可以构造一棵决策树，帮助医生给患者推荐应佩戴眼镜的类型。

调用 Numpy 的 genfromtxt 函数加载数据文件：

```
1.  >>> import numpy as np
2.  >>> dataset_url = 'https://archive.ics.uci.edu/ml/
machine-learning-databases/lenses/lenses.data'
3.  >>> dataset = np.genfromtxt(dataset_url, dtype=np.int)
4.  >>> dataset
5.  array([[ 1,  1,  1,  1,  1,  3],
6.         [ 2,  1,  1,  1,  2,  2],
7.         [ 3,  1,  1,  2,  1,  3],
8.         [ 4,  1,  1,  2,  2,  1],
9.         [ 5,  1,  2,  1,  1,  3],
10.        [ 6,  1,  2,  1,  2,  2],
11.        [ 7,  1,  2,  2,  1,  3],
12.        [ 8,  1,  2,  2,  2,  1],
13.        [ 9,  2,  1,  1,  1,  3],
14.        [10,  2,  1,  1,  2,  2],
15.        [11,  2,  1,  2,  1,  3],
16.        [12,  2,  1,  2,  2,  1],
17.        [13,  2,  2,  1,  1,  3],
18.        [14,  2,  2,  1,  2,  2],
19.        [15,  2,  2,  2,  1,  3],
20.        [16,  2,  2,  2,  2,  3],
21.        [17,  3,  1,  1,  1,  3],
22.        [18,  3,  1,  1,  2,  3],
23.        [19,  3,  1,  2,  1,  3],
24.        [20,  3,  1,  2,  2,  1],
25.        [21,  3,  2,  1,  1,  3],
26.        [22,  3,  2,  1,  2,  2],
```

```
27.        [23,  3,  2,  2,  1,  3],
28.        [24,  3,  2,  2,  2,  3]])
```

dataset 中的数据是从一个 csv 文件中读取的，其中第 0 列为样本 ID，1～4 列为 4 个特征，最后一列为类标记。接下来，从 dataset 中提取 X, y：

```
1.  >>> X = dataset[:, 1:-1]    # 1~4 列
2.  >>> y = dataset[:, -1]      # 最后一列
```

导入之前实现的 DecisionTree，创建实例并使用数据进行训练：

```
1.  >>> from decision_tree import DecisionTree
2.  >>> dt = DecisionTree()
3.  >>> dt.train(X, y)
```

训练完成后，决策树就构造好了。在 DecisionTree 中，我们实现了一个简单的决策树打印函数__str__，调用 print 函数打印决策树：

```
1.  >>> print(dt)
2.  内部节点<3>:
3.      [1]-> 叶节点(3)
4.      [2]-> 内部节点<2>:
5.          [1]-> 内部节点<0>:
6.              [1]-> 叶节点(2)
7.              [2]-> 叶节点(2)
8.              [3]-> 内部节点<1>:
9.                  [1]-> 叶节点(3)
10.                 [2]-> 叶节点(2)
11.         [2]-> 内部节点<1>:
12.             [1]-> 叶节点(1)
13.             [2]-> 内部节点<0>:
14.                 [1]-> 叶节点(1)
15.                 [2]-> 叶节点(3)
16.                 [3]-> 叶节点(3)
```

以上是这棵决策树的结构，其中：

（1）内部节点<>内的数字是特征的索引（列号），指示出该节点对应的特征。

（2）内部节点[ ]内的数字是特征的值，其后的-> 指向一个子节点。

（3）叶节点()内的数字是节点的值。

调用 print 函数打印出简单的决策树，对于调试代码是有帮助的，但如果决策树很大，显示结果就不那么清晰直观了。为此，我们使用第三方库 graphviz 实现一个决策树绘制器，它能以图形方式展示决策树的结构，代码如下：

```
1.  from graphviz import Digraph
2.
3.  class DecisionTreePlotter:
4.      def __init__(self, tree, feature_names=None, label_names=None):
5.          # 保存决策树
6.          self.tree = tree
7.          # 保存特征名字字典
8.          self.feature_names = feature_names
9.          # 保存类标记名字字典
10.         self.label_names = label_names
11.         # 创建图(graphviz)
12.         self.graph = Digraph('Decision Tree')
13.
14.     def _build(self, dt_node):
15.         # 根据决策树中的节点，创建 graphviz 图中一个节点
16.
17.         if dt_node.children:
18.             # dt_node 是内部节点
19.
20.             # 获取特征名字
21.             d = self.feature_names[dt_node.feature_index]
22.             if self.feature_names:
23.                 label = d['name']
24.             else:
25.                 label = str(dt_node.feature_index)
26.
27.             # 创建方形内部节点(graphviz)
28.             self.graph.node(str(id(dt_node)), label=label,
shape='box')
29.
30.             for feature_value, dt_child in dt_node.children.items():
31.                 # 递归调用_build 创建子节点(graphviz)
32.                 child = self._build(dt_child)
33.
```

```
34.                 # 获得特征值的名字
35.                 d_value = d.get('value_names')
36.                 if d_value:
37.                     label = d_value[feature_value]
38.                 else:
39.                     label = str(feature_value)
40.
41.                 # 创建连接父子节点的边(graphviz)
42.                 self.graph.edge(str(id(dt_node)), str(id(dt_child)),
43.                                     label=label, fontsize='10')
44.         else:
45.             # dt_node 是叶节点
46.
47.             # 获取类标记的名字
48.             if self.label_names:
49.                 label = self.label_names[dt_node.value]
50.             else:
51.                 label = str(node.value)
52.
53.             # 创建圆形叶子节点(graphviz)
54.             self.graph.node(str(id(dt_node)), label=label, shape='')
55.
56.     def plot(self):
57.         # 创建 graphviz 图
58.         self._build(self.tree)
59.         # 显示图
60.         self.graph.view()
```

对于以上代码这里不做详细解释，读者可根据代码注释以及 graphviz 官方文档理解这个 DecisionTreePlotter 的实现。

下面使用 DecisionTreePlotter 绘制之前构造的决策树，代码如下：

```
1.  from decision_tree import DecisionTree
2.  from plot_decision_tree import DecisionTreePlotter
3.  import numpy as np
4.
5.  D = np.genfromtxt('lenses.data', dtype=int)
6.  X = D[:, 1:-1]
7.  y = D[:, -1]
```

```
8.
9.  dt = DecisionTree()
10. dt.train(X, y)
11.
12. features_dict = {
13.         0: {'name': 'age',
14.             'value_names': {1: 'young',
15.                             2: 'pre-presbyopic',
16.                             3:'presbyopic'}
17.             },
18.
19.         1: {'name': 'prescript',
20.             'value_names': {1: 'myope',
21.                             2: 'hypermetrope'}
22.             },
23.
24.         2: {'name': 'astigmatic',
25.             'value_names': {1: 'no',
26.                             2: 'yes'}
27.             },
28.
29.         3: {'name': 'tear rate',
30.             'value_names': {1: 'reduced',
31.                             2: 'normal'}
32.             },
33. }
34.
35. label_dict = {
36.         1: 'hard',
37.         2: 'soft',
38.         3: 'no_lenses',
39. }
40.
41. dtp = DecisionTreePlotter(dt.tree_, feature_names=features_dict,
label_names=label_dict)
42. dtp.plot()
```

运行以上测试文件，将看到如图 3-4 所示的树形图。

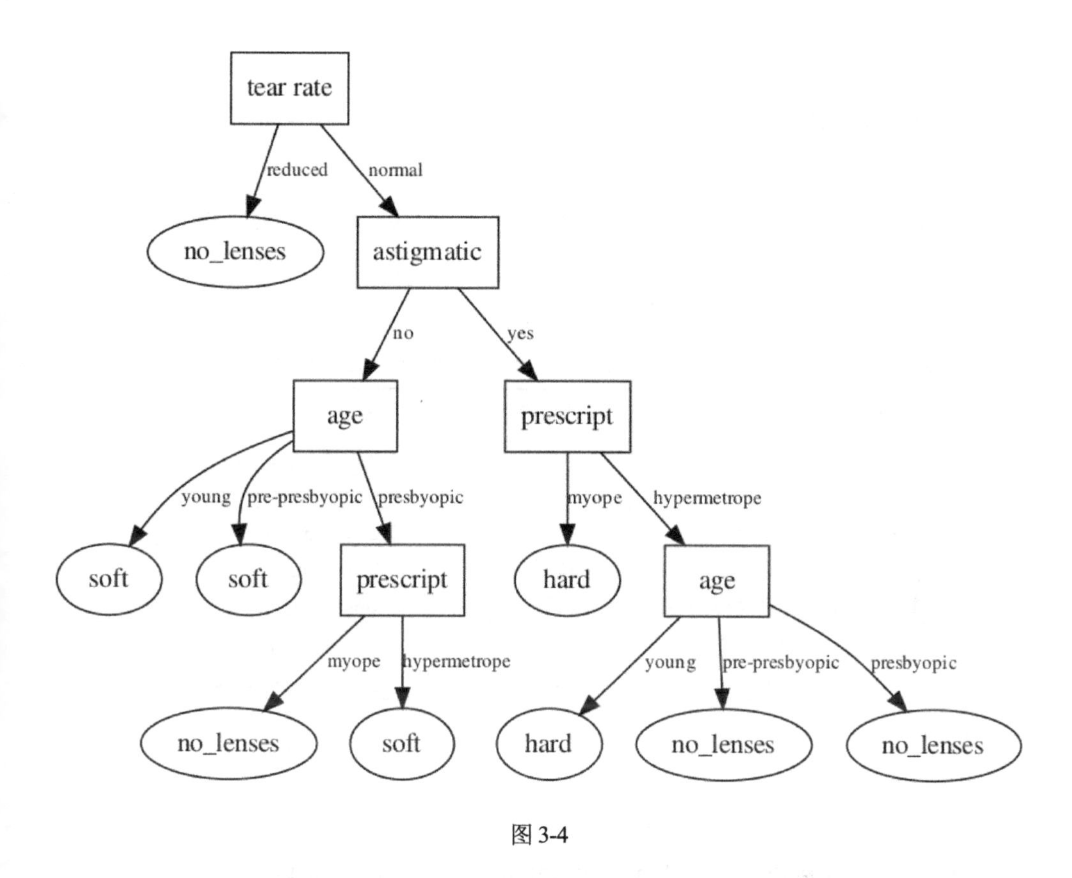

图 3-4

可以看出这棵树的深度为 5，这就意味着一位医生至多问 4 个问题，便可以向患者做出推荐。例如：

```
1. 医生：你平时感觉眼泪多还是少？（问题 1）
2. 患者：正常吧。
3. 医生：眼睛有散光么？（问题 2）
4. 患者：有点。
5. 医生：近视还是远视？（问题 3）
6. 患者：远视。
7. 医生：你多大？（问题 4）
8. 患者：23 岁。
9. 医生：嗯……我推荐你佩戴硬性材质的隐形眼镜。
```

至此，我们实现了一个决策树绘制器，并可以使用它绘制决策树。

3.6 项目实战

本章最后，我们来做一个利用决策树进行分类的实战项目：使用 DecisionTree 根据用户购买汽车时经常关注的一些指标（如价格、舒适性、实用性、安全性），为一款汽车做出等级评估，如表 3-2 所示。

表 3-2 汽车等级评估数据集（https://archive.ics.uci.edu/ml/datasets/Car+Evaluation）

列号	列名	特征/标记	可取值
1	buying（购买价格）	特征	v-high, high, med, low
2	maint（维护费用）	特征	v-high, high, med, low
3	doors（车门数量）	特征	2, 3, 4, 5-more
4	persons（定员人数）	特征	2, 4, more
5	lug_boot（行李箱大小）	特征	small, med, big
6	safety（安全等级）	特征	low, med, high
7	class（分类标记）	标记	unacc, unacc, good, v-good

数据集总共有 1728 条数据，其中的每一行包含一款汽车的 6 个特征以及一个专家给出的评估等级。

读者可使用任意方式将数据集文件 car.data 下载到本地，此文件所在的 URL 为：https://archive.ics.uci.edu/ml/machine-learning-databases/car/car.data

3.6.1 准备数据

调用 Numpy 的 genfromtxt 函数加载数据集：

```
1.  >>> import numpy as np
2.  >>> dataset = np.genfromtxt('cat.data', delimiter=',', dtype=np.str)
3.  >>> dataset
4.  array([['vhigh', 'vhigh', '2', ..., 'small', 'low', 'unacc'],
5.         ['vhigh', 'vhigh', '2', ..., 'small', 'med', 'unacc'],
6.         ['vhigh', 'vhigh', '2', ..., 'small', 'high', 'unacc'],
7.         ...,
8.         ['low', 'low', '5more', ..., 'big', 'low', 'unacc'],
9.         ['low', 'low', '5more', ..., 'big', 'med', 'good'],
10.        ['low', 'low', '5more', ..., 'big', 'high', 'vgood']],
dtype='<U5')
```

```
11. >>> dataset.shape
12. (1728, 7)
```

csv 文件中的数据已被加载，一共有 1728 个样本，每个样本包含 7 个特征的值和 1 个类标记的值。但目前特征数据和类标记都是字符串（str），而不是算法中所要使用的整型数字（int），可以调用 sklearn 中的 LabelEncoder 函数来完成这样的转换。

如果一个数组中包含 n 个不同的值，则 LabelEncoder 可将原数组的值转换为 0 到 n-1 之间的数字。例如，调用 LabelEncoder 函数转换数据集 dataset 的第 0 列（第一个特征的值为 buying）：

```
1. >>> from sklearn.preprocessing import LabelEncoder
2. >>> le = LabelEncoder()        # 创建一个 LabelEncoder 对象
3. >>> col = dataset[:, 0]        # 获取 dataset 中第 0 列
4. >>> col
5. array(['vhigh', 'vhigh', 'vhigh', ..., 'low', 'low', 'low'],
dtype='<U5')
6. >>> le.fit(col)             # 训练
7. LabelEncoder()
8. >>> le.transform(col)       # 转换
9. array([3, 3, 3, ..., 1, 1, 1])
10. >>> le.classes_      # 通过 classes_属性，可以查看转换值对应的原值
11. array(['high', 'low', 'med', 'vhigh'], dtype='<U5')
```

若要对数据集 dataset 中所有列进行转换，则可以先定义一个对一列进行转换的函数 convert，再调用 np.apply_along_axis 对数据集 dataset 中的每一列调用 convert 函数进行转换：

```
1. >>> # convert 函数：对每一列进行转换
2. >>> def convert(col, value_name_list):
3. ...     le = LabelEncoder()
4. ...     res = le.fit_transform(col)
5. ...     value_name_list.append(le.classes_)
6. ...     return res
7. ...
8. >>> value_name_list = []  # 保存每一列的 le.classes_，以便需要时恢复原值
9. >>> dataset = np.apply_along_axis(convert, axis=0, arr=dataset,
value_name_list=value_name_list)     # 对每一列调用 convert 函数进行转换
10. >>> dataset                        # 转换结果
11. array([[3, 3, 0, ..., 2, 1, 2],
```

```
12.        [3, 3, 0, ..., 2, 2, 2],
13.        [3, 3, 0, ..., 2, 0, 2],
14.        ...,
15.        [1, 1, 3, ..., 0, 1, 2],
16.        [1, 1, 3, ..., 0, 2, 1],
17.        [1, 1, 3, ..., 0, 0, 3]])
18. >>> value_name_list          # 此时，包含各列的 le.classes_
19. [array(['high', 'low', 'med', 'vhigh'], dtype='<U5'), array(['high', 'low', 'med', 'vhigh'], dtype='<U5'), array(['2', '3', '4', '5more'], dtype='<U5'), array(['2', '4', 'more'], dtype='<U5'), array(['big', 'med', 'small'], dtype='<U5'), array(['high', 'low', 'med'], dtype='<U5'), array(['acc', 'good', 'unacc', 'vgood'], dtype='<U5')]
```

最后，将数据集 dataset 拆分成(X, y)：

```
1.  >>> X = dataset[:, :-1]      # 所有行，除最后一列以外的列
2.  >>> y = dataset[:, -1]       # 所有行，最后一列
```

至此，数据已经准备完毕。

3.6.2 模型训练与测试

创建 DecisionTree 实例：

```
1.  >>> from decision_tree import DecisionTree
2.  >>> dt = DecisionTree()
3.  >>> dt.train(X_train, y_train)
```

然后，调用 sklearn 中的 train_test_split 函数将数据集切分为训练集和测试集（比例为 7:3）：

```
1.  >>> from sklearn.model_selection import train_test_split
2.  >>> X_train, X_test, y_train, y_test = train_test_split(X, y, test_size=0.3)
```

接下来，训练模型：

```
1.  >>> dt.train(X_train, y_train)
```

训练完成，如果读者好奇训练出来的决策树是什么样子的，可以调用 DecisionTreePlotter 将其绘制出来：

```
1.  >>> from plot_decision_tree import DecisionTreePlotter
2.  >>> feature_names = ['buying', 'maint', 'doors', 'persons',
'lug_boot', 'safety']
3.  ... feature_dict = {
4.  ...         i: {
5.  ...             'name': v,
6.  ...             'value_names': dict(enumerate(value_name_list[i]))}
7.  ...         for i, v in enumerate(feature_names)
8.  ... }
9.  ...
10. >>> label_dict = dict(enumerate(value_name_list[-1]))
11. >>> plotter = DecisionTreePlotter(dt.tree_,
feature_names=feature_dict, label_names=label_dict)
12. >>> plotter.plot()
```

运行以上代码，将看到一棵枝叶极其茂盛的决策树，以至于无法在书中展示其全貌，这里仅截取其中的部分子树，如图 3-5 所示。

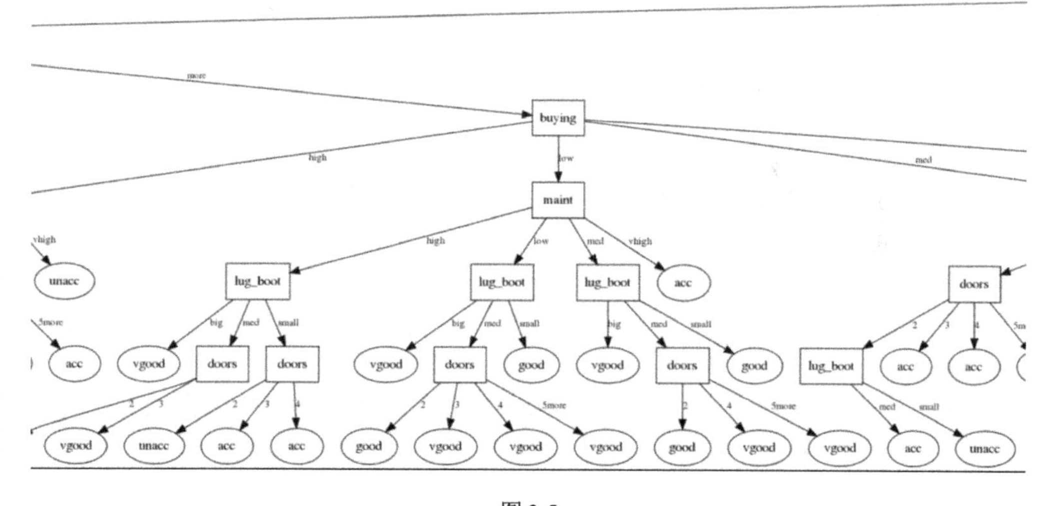

图 3-5

使用已训练好的模型对测试集中的实例进行预测，并调用 sklearn 中的 accuracy_score 函数计算预测的准确率：

```
1.  >>> from sklearn.metrics import accuracy_score
2.  >>> y_predict = dt.predict(X_test)
3.  >>> score = accuracy_score(y_test, y_predict)
```

```
4.  >>> print('accuracy_score:', score)
5.  0.9479768786127167
```

使用 70%的样本训练模型，单次测试预测的准确率达到了 94.798%。我们可以进一步观察使用不同比例的训练集进行多次测试的结果：

```
1.  >>> def test(test_size, times):
2.  ...     def test_one():
3.  ...         X_train, X_test, y_train, y_test = train_test_split(X, y, 
test_size=test_size)
4.  ...         dt = DecisionTree()
5.  ...         dt.train(X_train, y_train)
6.  ...         y_predict = dt.predict(X_test)
7.  ...         score = accuracy_score(y_test, y_predict)
8.  ...         return score
9.  ...     return np.mean([test_one() for _ in range(times)])
10. ...
11. >>> TEST_SIZE = np.arange(0.1, 0.51, 0.1)
12. >>> SOCRES = np.array([test(test_size, 100) for test_size in 
TEST_SIZE])
13. >>> SOCRES
14. array([0.94687861, 0.93543353, 0.92668593, 0.91446532, 0.9024537 ])
```

以上代码中，我们分别取训练集比例为（0.9, 0.8, 0.7, 0.6, 0.5），对每种比例进行 100 次测试，再取结果的平均值。使用 matplot 绘制曲线展示以上的测试结果：

```
1.  >>> import matplotlib.pyplot as plt
2.  >>> plt.scatter(TEST_SIZE, SOCRES)
3.  <matplotlib.collections.PathCollection object at 0x7fa0692d7ac8>
4.  >>> plt.plot(TEST_SIZE, SOCRES, '--')
5.  [<matplotlib.lines.Line2D object at 0x7fa0692e0470>]
6.  >>> plt.ylim([0.75, 1.0])
7.  (0.75, 1.0)
8.  >>> plt.xlabel('test / (train + test)')
9.  Text(0.5,0,'test / (train + test)')
10. >>> plt.ylabel('accuracy')
11. Text(0,0.5,'accuracy')
12. >>> plt.show()
```

运行结果如图 3-6 所示。

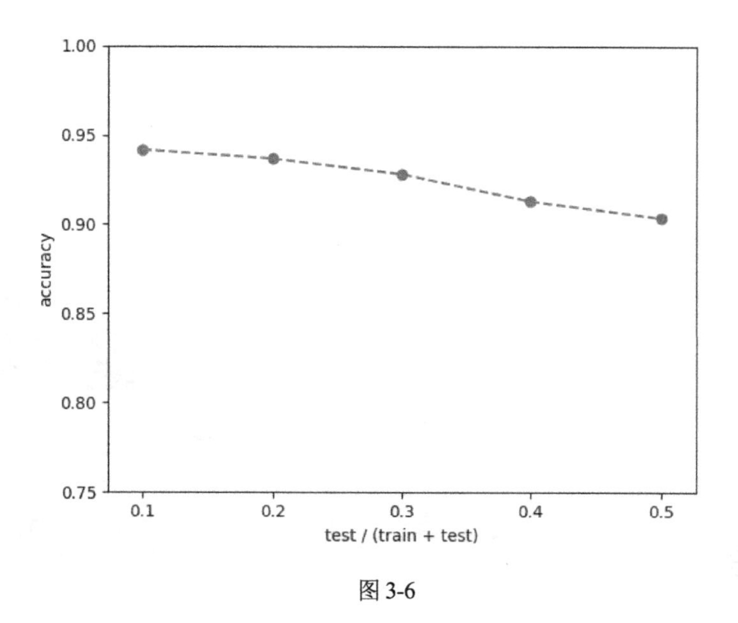

图 3-6

随着训练集的减小（测试集增大），准确率略有降低，但即便比例降低到 50%，准确率依然在 90%以上。

至此，使用决策树模型构建汽车评估系统的案例就完成了。

第 4 章

决策树——分类回归树

第 3 章我们使用著名的 ID3 算法构建了决策树，但从功能上看使用 ID3 构建的决策树有两点明显不足：

（1）实例各特征的取值必须是离散值，而不能是连续实数值（例如，气温只能取“高”“中”“低”，不能是具体数值）。

（2）预测目标值只能为离散值，不能是连续实数值，因此只能处理分类问题，不能处理回归问题。

本章我们来介绍实现决策树模型的另一个著名算法 CART，它解决了 ID3 算法的以上两个问题，既能用于分类问题，又能用于回归问题。

4.1 CART 算法的改进

实际上，CART 算法的主体结构和 ID3 算法基本是相同的，只是在以下几点有所改变：

（1）选择划分特征时，ID3 使用信息熵量化数据集的混乱程度；CART 使用基尼指数（Gini Index）和均方误差（MSE）量化数据集的混乱程度。

（2）选定某切分特征时，ID3 算法使用该特征所有可能的取值进行切分，例如一个特征有 k 个取值，数据集则被切成 k 份，创建 k 个子树；CART 算法使用某一阈值进行二元切分，即在特征值的取值范围区间内选择一个阈值 t，将数据集切分成两份，然后使用一个数据子集（大于 t）构造左子树，使用另一个数据子集（小于等于 t）构造右子树，因此 CART 算法创建的是二叉树。

（3）对于已用于创建内部节点的特征，在后续运算中（创建子树中的节点时），ID3 算法不会再次使用它创建其他内部节点；CART 算法可能会再次使用它创建其他内部节点。

下面我们具体讨论这些差异，并实现 CART 分类树和 CART 回归树。

4.2 处理连续值特征

CART 算法并不像 ID3 算法那样要求实例特征的取值必须是离散值，因为 CART 算法会把数据集中每一个特征动态地转换成多个布尔值特征，形成新特征空间中的数据集，然后使用。

通过一个例子进行说明。假设某数据集中有一个“温度”特征，该特征出现过的值有[10, -15, 0, -9, 5, 22]：

$$\begin{bmatrix} \cdots & 5 & \cdots \\ \cdots & 10 & \cdots \\ \cdots & -15 & \cdots \\ \cdots & 0 & \cdots \\ & \vdots & \\ \cdots & -9 & \cdots \\ \cdots & 22 & \cdots \\ \cdots & 0 & \cdots \\ \cdots & 5 & \cdots \end{bmatrix}$$

CART 算法将做如下处理：

（1)先将“温度”特征出现的值排序，得到列表[-15, -9, 0, 5, 10, 22]（6 个值）。

（2）依次取[-15, -9, 0, 4, 10, 22]中相邻两值的中点作为阈值点，将得到阈值列表[-12, -4.5, 2.5, 7.5, 16]（5 个值）。

（3）使用每一个阈值与原来特征的值进行比较，便得到了取值为 0 或 1 的布尔值特征，例如“温度是否大于-12”“温度是否大于-4.5”（共 5 个）。

使用以上方法，在数据集中 k 个取值的“温度”特征就被转换成了 k-1 个布尔值特征：

$$\begin{bmatrix} \dots & 1,1,1,0,0 & \dots \\ \dots & 1,1,1,0,0 & \dots \\ \dots & 0,0,0,0,0 & \dots \\ \dots & 1,1,0,0,0 & \dots \\ & \vdots & \\ \dots & 1,0,0,0,0 & \dots \\ \dots & 1,1,1,1,1 & \dots \\ \dots & 1,1,0,0,0 & \dots \\ \dots & 1,1,1,0,0 & \dots \end{bmatrix}$$

对数据集中每一个特征都进行如此转换后，新数据集中所有特征的值都是离散值，算法便可以处理了。

4.3 CART 分类树与回归树

CART 算法既可以构建处理分类问题的决策树模型，又可以构建处理回归问题的决策树模型。下面对两种模型分别进行讲解。

4.3.1 CART 分类树

CART 分类树构造算法为递归算法，流程如下：

（1）如果当前数据集 D 中样本数量小于“最小切分数”（参数预设），或 D 的基尼指数小于“基尼指数阈值”（参数预设）：

- 创建叶节点，节点的值为数据集 D 中出现最多的类标记。

（2）否则：

- 创建内部节点。
- 使用每一个布尔值特征将数据集切分成 D_1，D_2，并计算切分后基尼指数降低的值，从而找到最佳切分特征。
- 使用由最佳切分特征切分得到的 D_1,D_2，递归调用 CART 分类树构造算法，创建左右子树。
- 将当前内部节点作为两棵子树的父节点。

CART 分类树构造算法和 ID3 算法总体结构上差异很小。它和 ID3 算法的一个主要差别是在选择切分特征时，CART 算法使用基尼指数来度量一个数据集的混乱程度，而 ID3 算法使用信息熵。

下面我们介绍基尼系数的概念。

假设数据集 D 有 k 个分类，其样本总数为 $|D|$，每个分类的样本个数分别为 $|D_1|, |D_2|, \ldots, |D_k|$，则一个样本属于第 i 类的概率为：

$$p_i = \frac{|D_i|}{|D|}$$

数据集 D 的基尼指数定义如下：

$$Gini(D) = \sum_{i=1}^{k} p_i (1 - p_k) = 1 - \sum_{i=1}^{k} p_i^2$$

还是举第 3 章中投掷硬币的例子（二元分类），假设投掷硬币实验的数据集为 D_{coin}，样本总数为 $|D_{coin}|$，正面朝上的次数为 $|D_{coin\_1}|$（反面朝上的次数为 $|D_{coin\_2}|$），则正面朝上的概率为：

$$p = \frac{|D_{coin\_1}|}{|D_{coin}|}$$

根据定义，D_{coin} 的基尼指数则为：

$$G(D_{coin}) = 2p(1 - p)$$

第 3 章曾推导出在此例子中，D 的信息熵为：

$$H(D_{coin}) = -p \log_2 p - (1 - p) \log_2 (1 - p)$$

实际上，基尼系数和信息熵的一半 1/2 $H(D_{coin})$ 的曲线是很接近的，如图 4-1 所示。

类似条件熵，也可以定义在特征 A 条件下 D 的基尼指数。之前我们曾提到，CART 算法总会动态地把所有特征都转换为布尔值特征，因此数据集 D 总可以根据某一布尔值特征 A 切分成 D_1 和 D_2 两个子集，在特征 A 条件下 D 的基尼指数定义如下：

$$Gini(D, A) = \frac{|D_1|}{|D|} Gini(D_1) + \frac{|D_2|}{|D|} Gini(D_2)$$

CART 分类树构造算法在选择切分特征时，只需计算每一个特征条件下的基尼指数，然后选择其中使得基尼指数最小的特征。

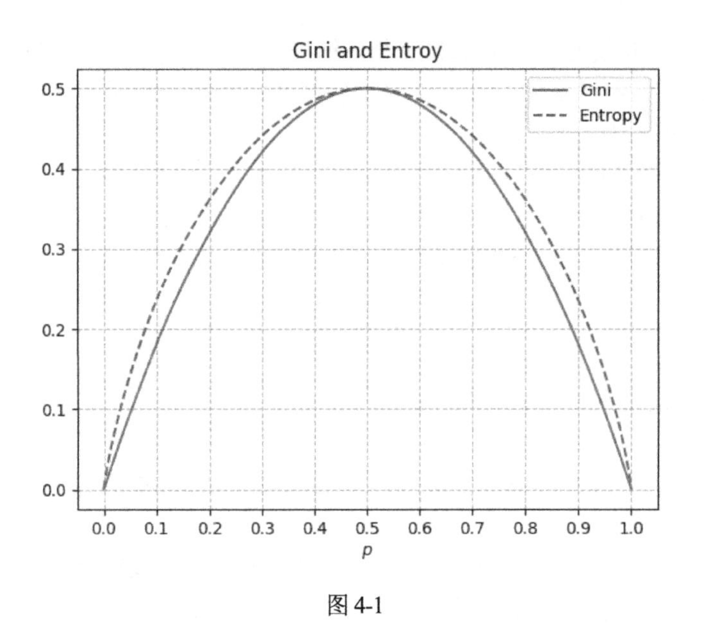

图 4-1

4.3.2 CART 回归树

CART 回归树构造算法为递归算法，流程如下：

（1）如果当前数据集 $\boldsymbol{D}$ 中样本数量小于“最小切分数”（参数预设），或 $\boldsymbol{D}$ 的 MSE 小于“MSE 阈值”（参数预设）：

- 创建叶节点，节点的值为所有样本目标值的平均值。

（2）否则：

- 创建内部节点。
- 使用每一个布尔值特征将数据集切分成 $\boldsymbol{D}_1$ 和 $\boldsymbol{D}_2$，并计算切分后总体的 MSE，从而找到最佳切分特征。
- 使用由最佳切分特征切分得到的 $\boldsymbol{D}_1$ 和 $\boldsymbol{D}_2$，递归调用 CART 回归树构造算法，创建左右子树。
- 将当前内部节点作为两棵子树的父节点。

CART 算法处理回归问题时，要求算法输出的是连续实数值。那么此时一个节点的值应该怎样计算呢？想象一下，CART 回归树的构造过程实际上就是将特征空间逐步进行二分切割的过程，每个节点对应特征空间中的一个单元，节点的值就是对位于相应单元内任意实例点的预测值。

假设在训练时，某节点（某单元）被划分入 m 个样本，令 $\hat{c}$ 为该节点的值（单元内实例点的预测值），可以使用 MSE 作为指标量化训练误差：

$$E(\hat{c}) = \frac{1}{m}\sum_{i=1}^{m}(y_i - \hat{c})^2$$

以使训练误差$E(\hat{c})$最小化作为准则，可求解出最优预测值$\hat{c}$。令 $\partial E(\hat{c}) / \partial \hat{c} = 0$，解得：

$$\hat{c} = \frac{1}{m}\sum_{i}^{m} y_i$$

上式表明，节点的值应为节点内所有样本目标值的平均值。

CART 回归树构造算法同样使用 MSE 来度量数据集的混乱程度。假设数据集 D 根据某一布尔值特征 A 切分成 D_1 和 D_2 两个子集，切分后总体的 MSE 定义为：

$$\frac{|D_1|}{|D|}E_{min}(D_1) + \frac{|D_2|}{|D|}E_{min}(D_2)$$

CART 回归树构造算法在选择切分特征时，只需计算由每一个特征切分后总体的 MSE，然后选择其中使得总体的 MSE 最小的特征。

4.4　算法实现

4.4.1　CART 分类树

我们先来实现一棵 CART 分类树，代码如下：

```
1.  import numpy as np
2.
3.  class CartClassificationTree:
4.      class Node:
5.          '''树节点类'''
6.
7.          def __init__(self):
8.              self.value = None
9.
10.             # 内部叶节点属性
11.             self.feature_index = None
```

```
12.             self.feature_value = None
13.             self.left = None
14.             self.right = None
15.
16.     def __init__(self, gini_threshold=0.01, gini_dec_threshold=0.,
min_samples_split=2):
17.         '''构造器'''
18.
19.         # 基尼系数的阈值
20.         self.gini_threshold = gini_threshold
21.         # 基尼系数降低的阈值
22.         self.gini_dec_threshold = gini_dec_threshold
23.         # 数据集还可继续切分的最小样本数量
24.         self.min_samples_split = min_samples_split
25.
26.     def _gini(self, y):
27.         '''计算基尼指数'''
28.
29.         values = np.unique(y)
30.
31.         s = 0.
32.         for v in values:
33.             y_sub = y[y == v]
34.             s += (y_sub.size / y.size) ** 2
35.
36.         return 1 - s
37.
38.     def _gini_split(self, y, feature, value):
39.         '''计算根据特征切分后的基尼指数'''
40.
41.         # 根据特征的值将数据集拆分成两个子集
42.         indices = feature > value
43.         y1 = y[indices]
44.         y2 = y[~indices]
45.
46.         # 分别计算两个子集的基尼系数
47.         gini1 = self._gini(y1)
48.         gini2 = self._gini(y2)
```

```
49.
50.         # 计算切分后的基尼系数
51.         # gini(y, feature) = (|y1| * gini(y1) + |y2| * gini(y2)) / |y|
52.         gini = (y1.size * gini1 + y2.size * gini2) / y.size
53.
54.         return gini
55.
56.     def _get_split_points(self, feature):
57.         '''获得一个连续值特征的所有切分点'''
58.
59.         # 获得一个特征所有出现过的值，并排序
60.         values = np.unique(feature)
61.
62.         # 切分点为values中相邻两个点的中点
63.         split_points = [(v1 + v2) / 2 for v1, v2 in zip(values[:-1],
values[1:])]
64.
65.         return split_points
66.
67.     def _select_feature(self, X, y):
68.         '''选择划分特征'''
69.
70.         # 最佳切分特征的index
71.         best_feature_index = None
72.         # 最佳切分点
73.         best_split_value = None
74.
75.         min_gini = np.inf
76.         _, n = X.shape
77.         for feature_index in range(n):
78.             # 迭代每一个特征
79.             feature = X[:, feature_index]
80.             # 获得一个特征的所有切分点
81.             split_points = self._get_split_points(feature)
82.             for value in split_points:
83.                 # 迭代每一个切分点value，计算使用value切分后的数据集基尼指数
84.                 gini = self._gini_split(y, feature, value)
85.                 # 若找到更小的gini，则更新切分特征
```

```
86.             if gini < min_gini:
87.                 min_gini = gini
88.                 best_feature_index = feature_index
89.                 best_split_value = value
90.
91.         # 判断切分后基尼指数的降低是否超过阈值
92.         if self._gini(y) - min_gini < self.gini_dec_threshold:
93.             best_feature_index = None
94.             best_split_value = None
95.
96.         return best_feature_index, best_split_value, min_gini
97.
98.     def _node_value(self, y):
99.         '''计算节点的值'''
100.
101.            # 统计数据集中样本类标记的个数
102.            labels_count = np.bincount(y)
103.            # 节点值等于数据集中样本最多的类标记
104.            return np.argmax(np.bincount(y))
105.
106.        def _build_tree(self, X, y):
107.            '''生成树递归算法'''
108.
109.            # 创建节点
110.            node = self.Node()
111.            # 计算节点的值， 等于 y 的均值
112.            node.value = self._node_value(y)
113.
114.            # 若当前数据集样本数量小于最小切分数量 min_samples_split，则返
回叶节点
115.            if y.size < self.min_samples_split:
116.                return node
117.
118.            # 若当前数据集的基尼指数小于阈值 gini_threshold，则返回叶节点
119.            if self._gini(y) < self.gini_threshold:
120.                return node
121.
122.            # 选择最佳切分特征
```

```
123.             feature_index, feature_value, min_gini =
self._select_feature(X, y)
124.             if feature_index is not None:
125.                 # 如果存在适合切分特征，则当前节点为内部节点
126.                 node.feature_index = feature_index
127.                 node.feature_value = feature_value
128.
129.                 # 根据已选特征及切分点将数据集划分成两个子集
130.                 feature = X[:, feature_index]
131.                 indices = feature > feature_value
132.                 X1, y1 = X[indices], y[indices]
133.                 X2, y2 = X[~indices], y[~indices]
134.
135.                 # 使用数据子集创建左右子树
136.                 node.left = self._build_tree(X1, y1)
137.                 node.right = self._build_tree(X2, y2)
138.
139.             return node
140.
141.         def _predict_one(self, x):
142.             '''对单个样本进行预测'''
143.
144.             # 爬树一直爬到某叶节点为止，返回叶节点的值
145.             node = self.tree_
146.             while node.left:
147.                 if x[node.feature_index] > node.feature_value:
148.                     node = node.left
149.                 else:
150.                     node = node.right
151.
152.             return node.value
153.
154.         def train(self, X_train, y_train):
155.             '''训练'''
156.
157.             self.tree_ = self._build_tree(X_train, y_train)
158.
159.         def predict(self, X):
```

```
160.            '''预测'''
161.
162.            # 对每一个实例调用_predict_one，返回收集到的结果数组
163.            return np.apply_along_axis(self._predict_one, axis=1,
arr=X)
```

上述代码简单说明如下。

- Node 类：内部类，它用来表示树中的节点。
    - 叶节点用 value 属性记录节点的值，即预测的类标记。
    - 内部节点用 feature_index 和 feature_value 属性记录节点对应的切分特征以及切分点，left 和 right 属性记录节点的左右子树。
- _gini()方法：计算数据集的基尼指数。
- _gini_split()方法：计算数据集被某特征切分后总的基尼指数。
- _get_split_points()方法：统计一个特征的可取值，并根据它来计算所有切分点。
- _select_feature()方法：以每一个切分点对数据集进行切分，找到使得切分后总的基尼指数最小的特征。
- _node_value()方法：计算节点的值，即样本中出现最多的类标记。
- _build_tree()方法：构造分类树的递归算法。
- _predict_one()方法：对单个实例进行预测。根据实例特征进行爬树，一直爬到某叶节点，叶节点的值即为预测值。
- train()方法：训练模型。内部调用_build_tree()方法构造分类树。
- predict()方法：预测。对 $\boldsymbol{X}$ 中所有实例调用_predict_one 方法进行预测。

4.4.2 CART 回归树

我们再来实现 CART 回归树，代码如下：

```
1.  import numpy as np
2.
3.  class CartRegressionTree:
4.      class Node:
5.          '''树节点类'''
6.
7.          def __init__(self):
8.              self.value = None
9.
```

```
10.             # 内部叶节点属性
11.             self.feature_index = None
12.             self.feature_value = None
13.             self.left = None
14.             self.right = None
15.
16.     def __init__(self, mse_threshold=0.01, mse_dec_threshold=0.,
min_samples_split=2):
17.         '''构造器'''
18.
19.         # mse 的阈值
20.         self.mse_threshold = mse_threshold
21.         # mse 降低的阈值
22.         self.mse_dec_threshold = mse_dec_threshold
23.         # 数据集还可继续切分的最小样本数量
24.         self.min_samples_split = min_samples_split
25.
26.     def _mse(self, y):
27.         '''计算 MSE'''
28.
29.         # 估计值为 y 的均值，因此均方误差即方差
30.         return np.var(y)
31.
32.     def _mse_split(self, y, feature, value):
33.         '''计算根据特征切分后的 MSE'''
34.
35.         # 根据特征的值将数据集拆分成两个子集
36.         indices = feature > value
37.         y1 = y[indices]
38.         y2 = y[~indices]
39.
40.         # 分别计算两个子集的均方误差
41.         mse1 = self._mse(y1)
42.         mse2 = self._mse(y2)
43.
44.         # 计算划分后的总均方误差
45.         return (y1.size * mse1 + y2.size * mse2) / y.size
```

```
46.
47.     def _get_split_points(self, feature):
48.         '''获得一个连续值特征的所有切分点'''
49.
50.         # 获得一个特征所有出现过的值，并排序
51.         values = np.unique(feature)
52.
53.         # 切分点为values中相邻两个点的中点
54.         split_points = [(v1 + v2) / 2 for v1, v2 in zip(values[:-1],
values[1:])]
55.
56.         return split_points
57.
58.     def _select_feature(self, X, y):
59.         '''选择切分特征'''
60.
61.         # 最佳切分特征的index
62.         best_feature_index = None
63.         # 最佳切分点
64.         best_split_value = None
65.
66.         min_mse = np.inf
67.         _, n = X.shape
68.         for feature_index in range(n):
69.             # 迭代每一个特征
70.             feature = X[:, feature_index]
71.             # 获得一个特征的所有切分点
72.             split_points = self._get_split_points(feature)
73.             for value in split_points:
74.                 # 迭代每一个切分点value，计算使用value切分后的数据集mse
75.                 mse = self._mse_split(y, feature, value)
76.                 # 若找到更小的mse，则更新切分特征
77.                 if mse < min_mse:
78.                     min_mse = mse
79.                     best_feature_index = feature_index
80.                     best_split_value = value
81.
```

```
82.         # 判断切分后mse的降低是否超过阈值，如果没有超过，则找不到适合切分的
特征
83.         if self._mse(y) - min_mse < self.mse_dec_threshold:
84.             best_feature_index = None
85.             best_split_value = None
86.
87.         return best_feature_index, best_split_value, min_mse
88.
89.     def _node_value(self, y):
90.         '''计算节点的值'''
91.
92.         # 节点值等于样本均值
93.         return np.mean(y)
94.
95.     def _build_tree(self, X, y):
96.         '''回归树构造算法(递归算法)'''
97.
98.         # 创建节点
99.         node = self.Node()
100.            # 计算节点的值，等于y的均值
101.            node.value = self._node_value(y)
102.
103.            # 若当前数据集样本数量小于最小切分数量min_samples_split，则返
回叶节点
104.            if y.size < self.min_samples_split:
105.                return node
106.
107.            # 若当前数据集的mse小于阈值mse_threshold，则返回叶节点
108.            if self._mse(y) < self.mse_threshold:
109.                return node
110.
111.            # 选择最佳切分特征
112.            feature_index, feature_value, min_mse =
self._select_feature(X, y)
113.            if feature_index is not None:
114.                # 如果存在适合切分特征，则当前节点为内部节点
115.                node.feature_index = feature_index
```

```
116.                node.feature_value = feature_value
117.
118.                # 根据已选特征及切分点将数据集划分成两个子集
119.                feature = X[:, feature_index]
120.                indices = feature > feature_value
121.                X1, y1 = X[indices], y[indices]
122.                X2, y2 = X[~indices], y[~indices]
123.
124.                # 使用数据子集创建左右子树
125.                node.left = self._build_tree(X1, y1)
126.                node.right = self._build_tree(X2, y2)
127.
128.            return node
129.
130.        def _predict_one(self, x):
131.            '''对单个实例进行预测'''
132.
133.            # 爬树一直爬到某叶节点为止，返回叶节点的值
134.            node = self.tree_
135.            while node.left:
136.                if x[node.feature_index] > node.feature_value:
137.                    node = node.left
138.                else:
139.                    node = node.right
140.
141.            return node.value
142.
143.        def train(self, X_train, y_train):
144.            '''训练'''
145.            self.tree_ = self._build_tree(X_train, y_train)
146.
147.        def predict(self, X):
148.            '''预测'''
149.
150.            # 对每一个实例调用_predict_one，返回收集到的结果数组
151.            return np.apply_along_axis(self._predict_one, axis=1,
arr=X)
```

上述代码简单说明如下。

- Node 类：内部类，它用来表示树中的节点。
    - 叶节点用 value 属性记录节点的值，即预测的目标值。
    - 内部节点用 feature_index 和 feature_value 属性记录节点对应的切分特征以及切分点，left 和 right 属性记录节点的左右子树。
- _mse()方法：计算数据集的 MSE。
- _mse_split()方法：计算数据集被某特征切分后总的 MSE。
- _get_split_points()方法：统计一个特征的可取值，并根据其计算所有切分点。
- _select_feature()方法：以每一个切分点对数据集进行切分，找到使得切分后总的 MSE 最小的特征。
- _node_value()方法：计算节点的值，即节点内所有样本目标值的平均值。
- _build_tree()方法：构造回归树的递归算法。
- _predict_one()方法：对单个实例进行预测。根据实例特征进行爬树，一直爬到某叶节点，叶节点的值即为预测值。
- train()方法：训练模型。内部调用_build_tree()方法构造回归树。
- predict()方法：预测。对 $\boldsymbol{X}$ 中所有实例调用_predict_one 方法进行预测。

4.5　项目实战

4.5.1　CART 分类树

我们先来做一个分类决策树项目：使用 CART 分类决策树，根据萼片和花瓣的特征识别不同种类的鸢尾花，如表 4-1 所示。

表4-1　鸢尾花数据集（https://archive.ics.uci.edu/ml/datasets/Iris）

列号	列名	特征/类标记	可取值
1	sepal length（萼片长度）	特征	连续实数
2	sepal width（萼片宽度）	特征	连续实数
3	petal length（花瓣长度）	特征	连续实数
4	petal width（花瓣宽度）	特征	连续实数
5	class（分类标记）	标记	Setosa, Versicolour, Virginica

该数据集共有 178 条数据，其中的每一行包含花的 4 个特征以及一个类标记。

读者可使用任意方式将数据集文件 iris.data 下载到本地，这个文件所在的 URL 为：https://archive.ics.uci.edu/ml/machine-learning-databases/iris/iris.data。

1. **准备数据**

以下是鸢尾花数据集 iris.data 中的部分内容：

```
1.  5.1,3.5,1.4,0.2,Iris-setosa
2.  4.9,3.0,1.4,0.2,Iris-setosa
3.  4.7,3.2,1.3,0.2,Iris-setosa
4.  4.6,3.1,1.5,0.2,Iris-setosa
5.  5.0,3.6,1.4,0.2,Iris-setosa
6.  ...
7.  5.8,2.6,4.0,1.2,Iris-versicolor
8.  5.0,2.3,3.3,1.0,Iris-versicolor
9.  5.6,2.7,4.2,1.3,Iris-versicolor
10. 5.7,3.0,4.2,1.2,Iris-versicolor
11. 5.7,2.9,4.2,1.3,Iris-versicolor
12. ...
13. 7.7,2.6,6.9,2.3,Iris-virginica
14. 6.0,2.2,5.0,1.5,Iris-virginica
15. 6.9,3.2,5.7,2.3,Iris-virginica
16. 5.6,2.8,4.9,2.0,Iris-virginica
17. 6.7,3.3,5.7,2.1,Iris-virginica
18. ...
```

观察发现各特征的取值是连续实数，类标记是字符串，它们的类型不同可以分别加载。

首先加载 X：

```
1.  >>> import numpy as np
2.  >>> X = np.genfromtxt('iris.data', delimiter=',', usecols=range(4), 
dtype=np.float)
3.  >>> X
4.  array([[5.1, 3.5, 1.4, 0.2],
5.         [4.9, 3. , 1.4, 0.2],
6.         [4.7, 3.2, 1.3, 0.2],
7.         [4.6, 3.1, 1.5, 0.2],
8.         [5. , 3.6, 1.4, 0.2],
9.          ....
```

```
10.        [6.7, 3. , 5.2, 2.3],
11.        [6.3, 2.5, 5. , 1.9],
12.        [6.5, 3. , 5.2, 2. ],
13.        [6.2, 3.4, 5.4, 2.3],
14.        [5.9, 3. , 5.1, 1.8]])
```

然后加载 y，并调用 sklearn 中的 LabelEncoder 函数将字符串转换成整数（int）类型：

```
1.  >>> y = np.genfromtxt('iris.data', delimiter=',', usecols=4, dtype=np.str)
2.  >>> y
3.  array(['Iris-setosa', 'Iris-setosa', 'Iris-setosa', 'Iris-setosa',
4.         'Iris-setosa', 'Iris-setosa', 'Iris-setosa', 'Iris-setosa',
5.          ...
6.         'Iris-virginica', 'Iris-virginica', 'Iris-virginica',
7.         'Iris-virginica', 'Iris-virginica'], dtype='<U15')
8.  >>> def transform(feature):
9.  ...     le = LabelEncoder()
10. ...     le.fit(feature)
11. ...     return le.transform(feature)
12. ...
13. >>> from sklearn.preprocessing import LabelEncoder
14. >>> le = LabelEncoder()
15. >>> y = le.fit_transform(y)
16. array([0, 0, 0, 0, 0, 0, 0, 0, 0, 0, 0, 0, 0, 0, 0, 0, 0, 0, 0, 0, 0, 0,
17.        0, 0, 0, 0, 0, 0, 0, 0, 0, 0, 0, 0, 0, 0, 0, 0, 0, 0, 0, 0, 0, 0,
18.        0, 0, 0, 0, 0, 0, 1, 1, 1, 1, 1, 1, 1, 1, 1, 1, 1, 1, 1, 1, 1, 1,
19.        1, 1, 1, 1, 1, 1, 1, 1, 1, 1, 1, 1, 1, 1, 1, 1, 1, 1, 1, 1, 1, 1,
20.        1, 1, 1, 1, 1, 1, 1, 1, 1, 1, 1, 1, 2, 2, 2, 2, 2, 2, 2, 2, 2, 2,
21.        2, 2, 2, 2, 2, 2, 2, 2, 2, 2, 2, 2, 2, 2, 2, 2, 2, 2, 2, 2, 2, 2,
22.        2, 2, 2, 2, 2, 2, 2, 2, 2, 2, 2, 2, 2, 2, 2, 2, 2, 2])
```

至此，数据已经准备完毕。

2. 模型训练与测试

以默认参数创建 CartClassificationTree 实例：

```
1.  >>> from decision_tree_cart import CartClassificationTree
2.  >>> cct = CartClassificationTree()
```

然后，调用 sklearn 中的 train_test_split 函数将数据集切分为训练集和测试集（比例为 7:3）：

```
1.  >>> from sklearn.model_selection import train_test_split
2.  >>> X_train, X_test, y_train, y_test = train_test_split(X, y, 
test_size=0.3)
```

接下来，训练模型：

```
1.  >>> cct.train(X_train, y_train)
```

使用已训练好的模型对测试集中的实例进行预测，并调用 sklearn 中的 accuracy_score 函数计算预测的准确率：

```
1.  >>> from sklearn.metrics import accuracy_score
2.  >>> y_predict = cct.predict(X_test)
3.  >>> y_predict
4.  array([2, 2, 1, 0, 2, 1, 0, 2, 1, 0, 0, 1, 0, 0, 2, 2, 0, 2, 0, 0,
5.         2, 1, 1, 2, 0, 1, 1, 1, 1, 0, 0, 2, 0, 2, 2, 1, 1, 2, 0, 1, 2,
6.         0, 1, 1, 1])
7.  >>> accuracy_score(y_test, y_predict)
8.  0.9555555555555556
```

使用 70%样本训练模型，单次测试一下，预测的准确率达到了 95.56%。再来看一下 100 次测试的平均结果：

```
1.  >>> def test(X, y):
2.  ...     X_train, X_test, y_train, y_test = train_test_split(X, y, 
test_size=0.3)
3.  ...     cct = CartClassificationTree()
4.  ...     cct.train(X_train, y_train)
5.  ...     y_predict = cct.predict(X_test)
6.  ...     return accuracy_score(y_test, y_predict)
7.  ...
8.  >>> np.mean([test(X, y) for _ in range(100)])
9.  0.9482222222222222
```

100 次测试的平均预测准确率为 94.82%。

至此，使用 CART 分类树鉴别莺尾花的项目就完成了。

4.5.2　CART 回归树

我们再来做一个回归决策树项目：使用 CART 回归决策树，根据波士顿（收集于 1978 年）郊区房屋信息，预测房屋价格，如表 4-2 所示。

表4-2　波士顿房屋数据集（https://archive.ics.uci.edu/ml/datasets/Housing）

列号	列名	含义	特征/目标	可取值
1	CRIM	房屋所在镇的犯罪率	特征	连续实数
2	ZN	用地面积大（大于 25000）的住宅所占比例	特征	连续实数
3	INDUS	房屋所在镇无零售业务区域所占比例	特征	连续实数
4	CHAS	是否临查尔斯河	特征	0, 1
5	NOX	一氧化氮浓度	特征	连续实数
6	RM	每处寓所平均房间数	特征	连续实数
7	AGE	建于 1940 年之前的住宅所占比例	特征	连续实数
8	DIS	距离波士顿五大就业中心的距离	特征	连续实数
9	RAD	距离最近公路的入口编号	特征	整数
10	TAX	每一万美元全额财产税金额	特征	连续实数
11	PTRATIO	房屋所在镇的师生比例	特征	连续实数
12	B	非洲裔美籍人口所占比例	特征	连续实数
13	LSTAT	弱势群体人口所占比例	特征	连续实数
14	MEDV	房屋平均价格	目标	连续实数

数据集总共有 506 条数据，其中的每一行包含一栋房子的 13 个特征以及一个房屋价格。

读者可使用任意方式将数据集文件 housing.data 下载到本地，该文件所在的 URL 为：https://archive.ics.uci.edu/ml/machine-learning-databases/housing/housing.data。

1. 准备数据

波士顿房屋数据集 housing.data 中的部分内容如图 4-2 所示。

```
0.00632  18.00   2.310  0  0.5380  6.5750  65.20  4.0900  1  296.0  15.30 396.90   4.98  24.00
0.02731   0.00   7.070  0  0.4690  6.4210  78.90  4.9671  2  242.0  17.80 396.90   9.14  21.60
0.02729   0.00   7.070  0  0.4690  7.1850  61.10  4.9671  2  242.0  17.80 392.83   4.03  34.70
0.03237   0.00   2.180  0  0.4580  6.9980  45.80  6.0622  3  222.0  18.70 394.63   2.94  33.40
0.06905   0.00   2.180  0  0.4580  7.1470  54.20  6.0622  3  222.0  18.70 396.90   5.33  36.20
0.02985   0.00   2.180  0  0.4580  6.4300  58.70  6.0622  3  222.0  18.70 394.12   5.21  28.70
0.08829  12.50   7.870  0  0.5240  6.0120  66.60  5.5605  5  311.0  15.20 395.60  12.43  22.90
0.14455  12.50   7.870  0  0.5240  6.1720  96.10  5.9505  5  311.0  15.20 396.90  19.15  27.10
0.21124  12.50   7.870  0  0.5240  5.6310 100.00  6.0821  5  311.0  15.20 386.63  29.93  16.50
0.17004  12.50   7.870  0  0.5240  6.0040  85.90  6.5921  5  311.0  15.20 386.71  17.10  18.90
0.22489  12.50   7.870  0  0.5240  6.3770  94.30  6.3467  5  311.0  15.20 392.52  20.45  15.00
0.11747  12.50   7.870  0  0.5240  6.0090  82.90  6.2267  5  311.0  15.20 396.90  13.27  18.90
0.09378  12.50   7.870  0  0.5240  5.8890  39.00  5.4509  5  311.0  15.20 390.50  15.71  21.70
0.62976   0.00   8.140  0  0.5380  5.9490  61.80  4.7075  4  307.0  21.00 396.90   8.26  20.40
0.63796   0.00   8.140  0  0.5380  6.0960  84.50  4.4619  4  307.0  21.00 380.02  10.26  18.20
0.62739   0.00   8.140  0  0.5380  5.8340  56.50  4.4986  4  307.0  21.00 395.62   8.47  19.90
1.05393   0.00   8.140  0  0.5380  5.9350  29.30  4.4986  4  307.0  21.00 386.85   6.58  23.10
0.78420   0.00   8.140  0  0.5380  5.9900  81.70  4.2579  4  307.0  21.00 386.75  14.67  17.50
0.80271   0.00   8.140  0  0.5380  5.4560  36.60  3.7965  4  307.0  21.00 288.99  11.69  20.20
0.72580   0.00   8.140  0  0.5380  5.7270  69.50  3.7965  4  307.0  21.00 390.95  11.28  18.20
1.25179   0.00   8.140  0  0.5380  5.5700  98.10  3.7979  4  307.0  21.00 376.57  21.02  13.60
0.85204   0.00   8.140  0  0.5380  5.9650  89.20  4.0123  4  307.0  21.00 392.53  13.83  19.60
1.23247   0.00   8.140  0  0.5380  6.1420  91.70  3.9769  4  307.0  21.00 396.90  18.72  15.20
```

图 4-2

调用 Numpy 的 genfromtxt 函数加载数据集：

```
1.  >>> import numpy as np
2.  >>> dataset = np.genfromtxt('housing.data', dtype=np.float)
3.  >>> dataset
4.  array([[6.3200e-03, 1.8000e+01, 2.3100e+00, ..., 3.9690e+02,
5.           4.9800e+00, 2.4000e+01],
6.          [2.7310e-02, 0.0000e+00, 7.0700e+00, ..., 3.9690e+02,
7.           9.1400e+00, 2.1600e+01],
8.          [2.7290e-02, 0.0000e+00, 7.0700e+00, ..., 3.9283e+02,
9.           4.0300e+00, 3.4700e+01],
10.         ...,
11.         [6.0760e-02, 0.0000e+00, 1.1930e+01, ..., 3.9690e+02,
12.          5.6400e+00, 2.3900e+01],
13.         [1.0959e-01, 0.0000e+00, 1.1930e+01, ..., 3.9345e+02,
14.          6.4800e+00, 2.2000e+01],
15.         [4.7410e-02, 0.0000e+00, 1.1930e+01, ..., 3.9690e+02,
16.          7.8800e+00, 1.1900e+01]])
```

将 dataset 拆分成(X, y)：

```
1.  >>> X = dataset[:, :-1]
2.  >>> y = dataset[:, -1]
```

至此，数据已经准备完毕。

2. 模型训练与测试

以默认参数创建 CartRegressionTree 实例：

```
1.  >>> from decision_tree_cart import CartRegressionTree
2.  >>> crt = CartRegressionTree()
```

然后，调用 sklearn 中的 train_test_split 函数将数据集切分为训练集和测试集（比例为 7:3）：

```
1.  >>> from sklearn.model_selection import train_test_split
2.  >>> X_train, X_test, y_train, y_test = train_test_split(X, y,
test_size=0.3)
```

接下来，训练模型：

```
1.  >>> crt.train(X_train, y_train)
```

使用已训练好的模型对测试集中的实例进行预测：

```
1.  >>> from sklearn.metrics import accuracy_score
2.  >>> y_predict = crt.predict(X_test)
3.  >>> crt.predict(X_test)
4.  array([ 8.5       , 20.1       , 18.4       , 36.5       , 17.56666667,
5.         27.        , 12.1       , 21.9       , 50.        , 20.7       ,
6.         25.        , 15.6       , 24.15      , 18.5       , 30.1       ,
7.         21.7       , 22.3       , 19.3       , 48.3       ,  8.1       ,
8.         22.        , 17.6       , 26.6       , 24.1       , 24.3       ,
9.         11.8       , 22.2       , 17.05      , 18.6       , 34.9       ,
10.        13.45      , 16.1       , 19.3       , 37.25      , 33.2       ,
11.        19.7       ,  6.3       , 18.6       , 18.85      , 29.9       ,
12.        30.1       , 17.2       , 16.3       , 24.3       , 48.5       ,
13.        14.6       , 14.5       , 34.9       , 20.43333333, 29.4       ,
14.        18.4       , 18.6       , 20.43333333, 30.8       , 30.8       ,
15.        20.1       , 21.4       , 27.5       , 23.8       , 22.       ,
16.        24.8       , 23.6       , 23.1       , 19.5       , 19.5       ,
17.        29.1       ,  6.3       , 21.        , 23.8       , 35.2       ,
18.        13.6       , 21.9       , 20.06666667, 19.5       , 14.5       ,
19.        20.43333333, 13.6       , 21.8       ,  6.3       , 16.2       ,
20.        19.95      , 25.25      , 17.8       , 34.9       , 20.43333333,
21.        25.25      , 30.1       , 50.        , 20.35      , 30.1       ,
22.        33.1       ,  6.3       , 50.        , 22.85      , 37.6       ,
```

```
23.      33.2      , 27.1      , 19.3      , 29.9      , 26.4      ,
24.      21.25     , 19.1      , 16.4      , 22.      , 13.85     ,
25.      18.6      , 24.9      , 19.8      , 21.25     , 10.2      ,
26.      20.43333333, 24.      , 24.       , 15.6      , 23.8      ,
27.      17.3      , 5.        , 20.3      , 10.2      , 21.25     ,
28.      26.4      , 19.7      , 34.9      , 18.4      , 23.1      ,
29.      18.85     , 20.7      , 23.9      , 5.6       , 19.15     ,
30.      5.        , 23.4      , 13.4      , 21.25     , 30.3      ,
31.      33.2      , 17.8      , 13.       , 20.2      , 27.5      ,
32.      18.       , 48.8      , 23.23333333, 18.6     , 21.25     ,
33.      5.        , 18.7      , 18.1      , 24.15     , 29.1      ,
34.      13.8      , 24.1      ])
35. >>> accuracy_score(y_test, y_predict)
36. 0.9555555555555556
```

对于该回归问题，我们以 MSE 或 MAE 量化模型预测的误差。分别调用 sklearn 中的 mean_squared_error 函数和 mean_absolute_error 函数计算 MSE 及 MAE：

```
1. >>> from sklearn.metrics import mean_squared_error,
mean_absolute_error
2. >>> mse = mean_squared_error(y_test, y_predict)
3. >>> mse
4. 14.663813961988302
5. >>> mae = mean_absolute_error(y_test, y_predict)
6. >>> mae
7. 2.8066885964912283
```

MSE 是一个平方值，它的含义我们理解起来并不是很直观。MAE 要直观一些，它告诉我们模型预测出的房价比实际房价上下差（绝对值）2800 美元。

我们再以一种间接的方式衡量所实现的 CART 回归树模型的性能：与参考模型的性能进行对比，这里对比的对象是 sklearn 库中实现的 CART 回归树 DecisionTreeRegressor 以及线性回归 LinearRegression。

编写以下功能的测试脚本：

（1）按某比例随机地将数据集切分成训练集和测试集。

（2）使用训练集分别训练 CartRegressionTree、DecisionTreeRegressor、LinearRegression 三个模型。

（3）使用这三个模型分别对测试集进行预测，并计算预测误差 MAE 值。

（4）循环执行（1）~（3）步 50 次，分成 5 组进行（各组使用不同测试集比例），每组 10 次，计算平均 MAE。

（5）最后使用 matplotlib 绘制 3 个模型的误差曲线。

测试脚本代码如下：

```
    1.  import numpy as np
    2.  from decision_tree_cart import CartRegressionTree
    3.  from sklearn.tree import DecisionTreeRegressor
    4.  from sklearn.linear_model import LinearRegression
    5.  from sklearn.metrics import mean_squared_error, mean_absolute_error
    6.  from sklearn.model_selection import train_test_split
    7.  import matplotlib.pyplot as plt
    8.
    9.  # 加载数据集
    10. url = 'https://archive.ics.uci.edu/ml/machine-learning-
databases/housing/housing.data'
    11. dataset = np.genfromtxt(url, dtype=np.float)
    12. X = dataset[:, :-1]
    13. y = dataset[:, -1]
    14.
    15. # 分成 10 组，每组 10 次，每次训练 3 个不同模型并计算 MAE
    16. mae_array = np.empty((5, 10, 3))
    17. test_size = np.linspace(0.1, 0.5, 5)
    18. for i, size in enumerate(test_size):
    19.     for j in range(10):
    20.         X_train, X_test, y_train, y_test = train_test_split(X, y,
test_size=size)
    21.
    22.         crt = CartRegressionTree()
    23.         crt.train(X_train, y_train)
    24.         y_predict = crt.predict(X_test)
    25.         mae_array[i, j, 0] = mean_absolute_error(y_test, y_predict)
    26.
    27.         dtr = DecisionTreeRegressor()
    28.         dtr.fit(X_train, y_train)
    29.         y_predict = dtr.predict(X_test)
    30.         mae_array[i, j, 1] = mean_absolute_error(y_test, y_predict)
    31.
```

```
32.         lr = LinearRegression()
33.         lr.fit(X_train, y_train)
34.         y_predict = lr.predict(X_test)
35.         mae_array[i, j, 2] = mean_absolute_error(y_test, y_predict)
36.
37. # 绘制 3 个模型的误差曲线
38. Y = mae_array.mean(axis=1).T
39. plt.plot(test_size, Y[0], 'o:', label='CartRegressionTree')
40. plt.plot(test_size, Y[1], '^:', label='DecisionTreeRegressor')
41. plt.plot(test_size, Y[2], 's:', label='LinearRegression')
42. plt.xlabel('test_size')
43. plt.ylabel('MAE')
44. plt.xticks(test_size)
45. plt.ylim([0.0, 6.0])
46. plt.yticks(np.arange(0.0, 6.1, 1.0))
47. plt.grid(linestyle='--')
48. plt.legend()
49. plt.show()
```

执行测试脚本，运行结果如图 4-3 所示。

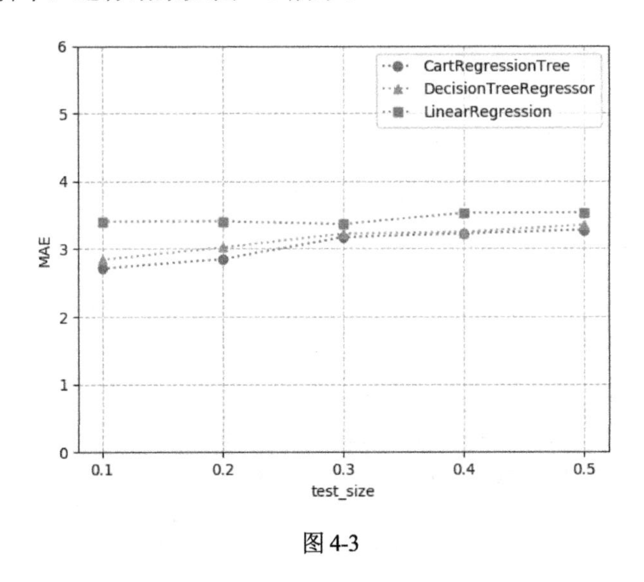

图 4-3

从图 4-3 可以看出，我们实现的 CART 回归树和 sklearn 中的回归树性能基本相同，比 sklearn 中的线性回归略优。

至此，使用 CART 回归树预测波士顿地区房价的项目就完成了。

第 5 章

朴素贝叶斯

贝叶斯推理提供了推理的一种概率手段，它为直接运用概率的学习算法提供了理论框架。本章讨论的朴素贝叶斯分类器便是基于贝叶斯定理与特征条件独立假设的分类算法。

5.1 朴素贝叶斯模型

5.1.1 贝叶斯公式

首先，我们通过一个简单例子来回顾在概率课程中学习过的贝叶斯公式。

某课程的老师对历年学生课堂出勤与考试成绩进行统计，发现：

（1）每年有 10%学生期末考试不及格。

（2）期末考试不及格的学生中，有 80%经常旷课。

（3）期末考试及格的学生中，只有 5%经常旷课。

现在有一名经常旷课的学生，考试前他想了解他在期末考试不及格的概率是多少。

将考试不及格记为事件F_1，考试及格记为事件F_2，根据（1）中的信息可知以下概率：

$$P(F_1)=0.1$$
$$P(F_2)=1-P(F_1)=0.9$$

再将经常旷课记为事件E。根据（2）、（3）中的信息可知以下条件概率：

$$P(E\mid F_1)=0.8$$
$$P(E\mid F_2)=0.05$$

因为已知该学生经常旷课，他考试不及格的概率即为 $P(F_1\mid E)$。根据条件概率公式，有：

$$P(F_1\mid E)=\frac{P(EF_1)}{P(E)}$$

其中，$P(E)$ 可根据全概率公式计算：

$$P(E)=P(EF_1\cup EF_2)=P(EF_1)+P(EF_2)$$

再次根据条件概率公式，最终可得：

$$\begin{aligned}P(F_1\mid E)&=\frac{P(E\mid F_1)P(F_1)}{P(E\mid F_1)P(F_1)+P(E\mid F_2)P(F_2)}\\&=\frac{0.8\times0.1}{0.8\times0.1+0.05\times0.9}\\&=0.64\end{aligned}$$

这个喜欢逃课学生的考试不及格率为 64%。以上计算 $P(F_1\mid E)$ 使用的便是贝叶斯公式（空间仅由 F_1 和 F_2 构成）。

一般情况下，令 $F_1,F_2,\ldots,F_N$表示一组互不相容事件，在 E（新的证据）已发生的情况下，F_k 发生的概率为：

$$P(F_k\mid E)=\frac{P(E\mid F_k)P(F_k)}{\sum_{i=1}^{N}P(E\mid F_i)P(F_i)}$$

以上公式称为贝叶斯公式，其中：

- $P(F_k)$ 称为先验概率（Prior Probability）。
- $P(E\mid F_k)$ 称为类似然（Class Likelihood）。
- $P(E)=\sum_{i=1}^{N}P(E\mid F_i)P(F_i)$ 称为证据（Evidence）。

- $P(F_k|E)$ 称为后验概率（Posterior Probability）。

5.1.2　贝叶斯分类器

回到机器学习中的分类问题，我们来介绍一下贝叶斯分类器。

假设分类问题有 N 种类别 $c_1, c_2, \dots, c_N$，对于一个实例 x 进行分类时，贝叶斯分类器先根据贝叶斯公式分别计算在 x 条件下属于各个类别的条件概率，即后验概率：

$$P(c_k|x) = \frac{P(x|c_k)P(c_k)}{P(x)} = \frac{P(x|c_k)P(c_k)}{\sum_{i=1}^{N} P(x|c_i)P(c_i)}$$

然后根据后验证概率最大化准则（期望风险最小化），将 x 归为有最大后验概率的类别。

贝叶斯分类器的假设函数可定义为：

$$h_\theta(x) = \arg\max_{c_k \in y} P(c_k|x)$$

由于各后验概率分母相同，假设函数也可定义为：

$$h_\theta(x) = \arg\max_{c_k \in y} P(x|c_k)P(c_k)$$

上式中，$P(c_k)$ 的计算较为简单，根据训练样本的类标记进行估计即可。下面讨论 $P(x|c_k)$ 的计算。

5.1.3　朴素贝叶斯分类器

通常来说 $P(x|c_k)$ 很难求得，因为 x 是一个包含多个特征的向量，$P(x|c_k)$ 是所有特征的联合概率，很难根据训练样本直接估计求得。朴素贝叶斯做了一个很强的“特征条件独立性假设”把问题简化，即假设 x 的各个特征之间相互独立，一个特征出现的概率不受其他特征的影响。

设 x 有 n 个特征，$x^{(j)}$为其第 j 个特征。根据条件独立假设则有：

$$P(x|c_k) = \prod_{j=1}^{n} P(x^{(j)}|c_k)$$

其中，$P(x^{(j)}|c_k)$ 同样可根据样本进行估计，这样 $P(x|c_k)$ 便可以求解了。

朴素贝叶斯分类器的假设函数为：

$$h_\theta(x) = \arg\max_{c_k \in y} P(c_k) \prod_{j=1}^{n} P(x^{(j)} \mid c_k)$$

在实际编程中请注意，计算 $P(c_k)\prod_{j=1}^{n} P(x^{(j)} \mid c_k)$ 时可能出现下溢，这是因为它是很多很小的数的乘积。解决该问题的方法是对乘积项取对数，从而把乘积项变为和项，对数函数是单调递增的，不影响分类结果。因此，实际编程时可把假设函数定义为：

$$h_\theta(x) = \arg\max_{c_k \in y} \left(\ln P(c_k) + \sum_{j=1}^{n} \ln P(x^{(j)} \mid c_k) \right)$$

虽然现实世界中的问题绝大多数都是不符合“特征条件独立性假设”的，处理某些问题时这种假设看似完全错误，但使用朴素贝叶斯分类器进行分类的准确率却非常高。

5.2 模型参数估计

5.2.1 极大似然估计

朴素贝叶斯分类器的假设函数确定后，接下来需要根据训练样本对模型参数使用极大似然法进行估计。模型参数包括所有的先验概率 $P(c_k)$ 以及所有的类似然 $P(x^{(j)} \mid c_k)$。估计时首先要针对具体问题假定数据服从某种分布。下面我们以一个例子进行讲解。

假设某课程的老师想根据学生的上课出勤情况、完成作业情况以及小测验成绩这 3 个特征来判断一名学生期末考试能否通过。现有数据集 D（上届某班学生的数据），如表 5-1 所示。

表5-1 数据集D（上届某班学生的数据）

学号	不旷课	完成作业	小测验及格	期末考试及格（标记值）
1	1	0	1	1
2	1	1	0	1
3	1	1	1	1
4	0	1	1	1

（续表）

学号	不旷课	完成作业	小测验及格	期末考试及格（标记值）
5	0	0	1	1
…	…	…	…	…
26	0	0	1	0
27	1	1	0	0
28	1	0	1	0
29	0	1	0	0
30	0	0	0	0

关于数据集 D 的信息如下：

（1）数据集大小 $m = 30$。

（2）每个实例 x_i 特征数 $n = 3$。

（3）每个特征都是 0 或 1 的布尔值。

（4）目标值 y_i 只有通过和不通过两种情况，类别数 $N = 2$。

我们发现各个特征以及类标记的取值都是布尔值，因此可假定 $P(c_k)$和 $P(x^{(j)} \mid c_k)$ 服从伯努利分布。假如数据集中的类标记是“优、良、中、差”4 个等级，那么我们可假定 $P(c_k)$ 服从多项式分布；假如数据集中各特征是第 1~3 次小测验考试分数，那么我们可假定 $P(x^{(j)} \mid c_k)$ 服从高斯分布（即正态分布）。

按照$P(x^{(j)} \mid c_k)$分布划分，常用的朴素贝叶斯分类器分为伯努利模型、多项式模型、高斯模型等。为了使推导过程容易理解，我们以简单的伯努利模型来演示使用极大似然法估计模型参数的过程（注意，伯努利模型可以进行多元分类，即$P(c_k)$服从多项式分布，但为了推导简单，这里仅做二元分类，即$P(c_k)$服从伯努利分布）。

定义模型参数，首先是先验概率 $P(c_k)$：

$$\phi_y = P(y = 1)$$
$$1 - \phi_y = P(y = 0)$$

对于样本 (x_i, y_i)，则有：

$$P(y_i) = \phi_y^{y_i} \cdot (1 - \phi_y)^{1-y_i}$$

然后，定义某一特征 $x^{(j)}$ 对于类别 c_k 的条件概率 $P(x^{(j)} \mid c_k)$：

$$\phi_{j\mid y=1} = P(x^{(j)} = 1 \mid y = 1)$$
$$1 - \phi_{j\mid y=1} = P(x^{(j)} = 0 \mid y = 1)$$
$$\phi_{j\mid y=0} = P(x^{(j)} = 1 \mid y = 0)$$
$$1 - \phi_{j\mid y=0} = P(x^{(j)} = 0 \mid y = 0)$$

对于样本 (x_i, y_i)，则有：

$$P(x_i^{(j)} \mid y_i) = \left(\phi_{j\mid y=1}^{x_i^{(j)}} \cdot (1-\phi_{j\mid y=1})^{1-x_i^{(j)}}\right)^{y_i} \cdot \left(\phi_{j\mid y=0}^{x_i^{(j)}} \cdot (1-\phi_{j\mid y=0})^{1-x_i^{(j)}}\right)^{1-y_i}$$

令所有参数构成的向量为 ϕ：

$$\phi = (\phi_y, \phi_{1|y=1}, \phi_{1|y=0}, \phi_{2|y=1}, \phi_{2|y=0} \cdots \phi_{n|y=1}, \phi_{n|y=0})$$

定义似然函数为：

$$L(\phi) = \prod_{i=1}^{m} P(x_i, y_i)$$

再根据样本独立同分布以及特征条件独立性假设，可得：

$$\begin{aligned} L(\phi) &= \prod_{i=1}^{m} P(x_i, y_i) \\ &= \prod_{i=1}^{m} P(y_i)P(x_i \mid y_i) \\ &= \prod_{i=1}^{m}\left(P(y_i)\prod_{j=1}^{n} P(x_i^{(j)} \mid y_i)\right) \end{aligned}$$

为方便求导，对似然函数 $L(\phi)$ 取对数，得到对数似然函数：

$$\begin{aligned} l(\phi) &= \ln L(\phi) \\ &= \sum_{i=1}^{m}\left(\ln P(y_i) + \sum_{j=1}^{n} \ln P(x_i^{(j)} \mid y_i)\right) \\ &= \sum_{i}^{m}\Bigg(y_i \ln \phi_y + (1-y_i)\ln(1-\phi_y) \\ &\qquad + y_i \sum_{j=1}^{n}\left(x_i^{(j)} \ln \phi_{j|y=1} + (1-x_i^{(i)})\ln(1-\phi_{j|y=1})\right) \\ &\qquad + (1-y_i)\sum_{j=1}^{n}\left(x_i^{(j)} \ln \phi_{j|y=0} + (1-x_i^{(j)})\ln(1-\phi_{j|y=0})\right)\Bigg) \end{aligned}$$

极大似然估计的目标是找到使对数似然函数最大的参数值，可通过方程 $\nabla_{\phi} l(\phi)=0$ 求解。

先求ϕ_y的估计值，求偏导数：

$$
\begin{aligned}
\frac{\partial}{\partial \phi_y} l(\phi) &= \sum_{i=1}^{m}\left(\frac{y_i}{\phi_y}-\frac{1-y_i}{1-\phi_y}\right) \\
&= \sum_{i=1}^{m} \frac{y_i-\phi_y}{\phi_y(1-\phi_y)} \\
&= \frac{\sum_{i=1}^{m} y_i - m\phi_y}{\phi_y(1-\phi_y)}
\end{aligned}
$$

令以上偏导数为 0，解得：

$$
\hat{\phi}_y = \frac{\sum_{i=1}^{m} y_i}{m} = \frac{|D_{y=1}|}{|D|}
$$

式中 $|D|$ 为训练集容量，即样本总数；$|D_{y=1}|$ 为 $y=1$ 的样本的个数。估计值 $\hat{\phi}_y$ 在含义上很容易让人理解，即$y=1$的样本在总样本中所占的比例。

再来求 $\phi_{j|y=1}$ 的估计值，求偏导数：

$$
\begin{aligned}
\frac{\partial}{\partial \phi_{j|y=1}} l(\phi) &= \sum_{i=1}^{m} y_i\left(\frac{x_i^{(j)}}{\phi_{j|y=1}}-\frac{1-x_i^{(j)}}{1-\phi_{j|y=1}}\right) \\
&= \sum_{i=1}^{m} \frac{y_i\,(x_i^{(j)}-\phi_{j|y=1})}{\phi_{j|y=1}(1-\phi_{j|y=1})} \\
&= \frac{\sum_{i=1}^{m} y_i x_i^{(j)} - \phi_{j|y=1}\sum_{i=1}^{m} y_i}{\phi_{j|y=1}(1-\phi_{j|y=1})}
\end{aligned}
$$

令以上偏导数为 0，解得：

$$
\hat{\phi}_{j|y=1} = \frac{\sum_{i=1}^{m} y_i x_i^{(j)}}{\sum_{i=1}^{m} y_i} = \frac{|D_{y=1,x^{(j)}=1}|}{|D_{y=1}|}
$$

式中 $|D_{y=1}|$ 为 $y=1$ 的样本的个数；$|D_{y=1,x^{(j)}=1}|$ 为 $y=1$ 且 $x^{(j)}=1$ 的样本的个数。$\hat{\phi}_{j|y=1}$ 可描述为，在所有 $y=1$ 的样本中，第 j 个特征为 $x^{(j)}=1$ 的样本所占的比例。

使用同样的方法求得 $\phi_{j|y=0}$ 的估计值为：

$$\hat{\phi}_{j|y=0} = \frac{\sum_{i=1}^{m}(1-y_i)x_i^{(j)}}{\sum_{i=1}^{m}(1-y_i)} = \frac{|D_{y=0,x^{(j)}=1}|}{|D_{y=0}|}$$

式中 $|D_{y=0}|$ 为 $y=0$ 的样本的个数；$|D_{y=0,x^{(j)}=1}|$ 为 $y=0$ 且 $x^{(j)}=1$ 的样本的个数。$\hat{\phi}_{j|y=0}$ 可描述为，在所有 $y=0$ 的样本中，第 j 个特征为 $x^{(j)}=1$ 的样本所占的比例。

根据以上推导，模型中的所有参数都可被估计出来了。使用极大似然法估计模型参数的例子就展示完毕了。

5.2.2 贝叶斯估计

使用极大似然估计可能会出现所估计的概率为 0 的情况，这会影响后验概率的计算结果，导致分类产生偏差，采用贝叶斯估计可以解决这个问题。

假设数据集 D 中有 N 个类别 $c_1, c_2, \cdots, c_N$，先验概率的贝叶斯估计为：

$$P_\lambda(c_k) = \frac{|D_{y=c_k}| + \lambda}{|D| + N\lambda}$$

再假设第 j 个特征 $x^{(j)}$ 的可取值为$a_{j1}, a_{j2}, \cdots, a_{jN_j}$，$N_j$为第 j 个特征可取值的个数。条件概率的贝叶斯估计为：

$$P_\lambda(x^{(j)} = a_{jl} \mid c_k) = \frac{|D_{y=c_k,x^{(j)}=a_{jl}}| + \lambda}{|D_{y=c_k}| + N_j\lambda}$$

以上两式中，$|D|$ 为训练集容量；$|D_{y=c_k}|$ 为 $y=c_k$ 的样本的个数；$|D_{y=c_k,x^{(j)}=a_{jl}}|$ 为 $y=1$ 且 $x^{(j)}=a_{jl}$ 的样本的个数。其中 $\lambda \geqslant 0$，当取 $\lambda=0$ 时，就是极大似然估计。在实际应用中常取 $\lambda=1$，称为拉普拉斯平滑（Laplace Smoothing）。

根据上面的公式，可以推导出：

$$P_\lambda(c_k) > 0$$
$$\sum_{k=1}^{N} P_\lambda(c_k) = 1$$
$$P_\lambda(x^{(j)} = a_{jl} \mid c_k) > 0$$
$$\sum_{l=1}^{S_j} P_\lambda(x^{(j)} = a_{jl} \mid c_k) = 1$$

我们发现，使用贝叶斯估计得到的概率都是大于 0 的，并且 λ 任意取大于等于 0 的常数都不会破坏概率之和为 1 的概率律。

5.3　算法实现

下面我们来实现一个伯努利模型的朴素贝叶斯分类器，代码如下：

```
1.  import numpy as np
2.
3.  class BernoulliNavieBayes:
4.
5.      def __init__(self, alpha=1.):
6.          # 平滑系数， 默认为 1(拉普拉斯平滑)
7.          self.alpha = alpha
8.
9.      def _class_prior_proba_log(self, y, classes):
10.         '''计算所有类别的先验概率 P(y=c_k)'''
11.
12.         # 统计各类别的样本数量
13.         c_count = np.count_nonzero(y == classes[:, None], axis=1)
14.         # 计算各类别的先验概率(平滑修正)
15.         p = (c_count + self.alpha) / (len(y) + len(classes) * 
self.alpha)
16.
17.         return np.log(p)
18.
19.     def _conditional_proba_log(self, X, y, classes):
20.         '''计算所有条件概率 P(x^(j)|y=c_k)的对数'''
21.
22.         _, n = X.shape
23.         K = len(classes)
24.
25.         # P_log: 2 个条件概率的对数的矩阵
26.         # 矩阵 P_log[0]存储所有 log(P(x^(j)=0|y=c_k))
27.         # 矩阵 P_log[1]存储所有 log(P(x^(j)=1|y=c_k))
28.         P_log = np.empty((2, K, n))
29.
```

```
30.         # 迭代每一个类别 c_k
31.         for k, c in enumerate(classes):
32.             # 获取类别为 c_k 的实例
33.             X_c = X[y == c]
34.             # 统计各特征值为 1 的实例的数量
35.             count1 = np.count_nonzero(X_c, axis=0)
36.             # 计算条件概率 P(x^(j)=1|y=c_k)(平滑修正)
37.             p1 = (count1 + self.alpha) / (len(X_c) + 2 * self.alpha)
38.             # 将 log(P(x^(j)=0|y=c_k))和 log(P(x^(j)=1|y=c_k))存入矩阵
39.             P_log[0, k] = np.log(1 - p1)
40.             P_log[1, k] = np.log(p1)
41.
42.         return P_log
43.
44.     def train(self, X_train, y_train):
45.         '''训练模型'''
46.
47.         # 获取所有类别
48.         self.classes = np.unique(y_train)
49.         # 计算并保存所有先验概率的对数
50.         self.pp_log = self._class_prior_proba_log(y_train,
self.classes)
51.         # 计算并保存所有条件概率的对数
52.         self.cp_log = self._conditional_proba_log(X_train, y_train,
self.classes)
53.
54.     def _predict_one(self, x):
55.         '''根据贝叶斯公式对单个实例进行预测'''
56.
57.         K = len(self.classes)
58.         p_log = np.empty(K)
59.
60.         # 分别获取各特征值为 1 和 0 的索引
61.         idx1 = x == 1
62.         idx0 = ~idx1
63.
64.         # 迭代每一个类别 c_k
65.         for k in range(K):
```

```
66.             # 计算后验概率 P(c_k|x)分子部分的对数
67.             p_log[k]=self.pp_log[k]+np.sum(self.cp_log[0, k][idx0])\
68.                                 + np.sum(self.cp_log[1, k][idx1])
69.
70.         # 返回具有最大后验概率的类别
71.         return np.argmax(p_log)
72.
73.     def predict(self, X):
74.         '''预测'''
75.
76.         # 对 X 中每个实例调用_predict_one 进行预测，收集结果并返回
77.         return np.apply_along_axis(self._predict_one, axis=1, arr=X)
```

上述代码简要说明如下（详细内容参看代码注释）。

- __init__()方法：构造器，保存用户传入的超参数。
- _class_prior_proba_log()方法：计算所有类别的先验概率 $P(c_k)$ 的对数。
- _conditional_proba_log() 方法：计算所有条件概率 $P(x^{(j)}=1|c_k)$ 和 $P(x^{(j)}=0|c_k)$的对数。
- train()方法：训练模型。该方法由 3 部分构成：
    - 获取并保存训练集中的所有类别。
    - 调用_class_prior_proba_log()方法，计算并保存先验概率的对数，作为模型参数。
    - 调用_conditional_proba_log()方法，计算并保存条件概率的对数，作为模型参数。
- _predict_one()方法：根据贝叶斯公式，使用已训练好的模型参数对单个实例进行预测。
- predict()方法：预测。对 X 中每个实例调用_predict_one()方法进行预测，收集结果并返回。

5.4　项目实战

最后，我们来做一个贝叶斯分类器的实战项目：使用朴素贝叶斯分类器（伯努利模型）识别垃圾邮件，如表 5-2 所示。

表 5-2　垃圾邮件数据集（https://archive.ics.uci.edu/ml/datasets/spambase）

列号	列名	特征/类别	可取值
1	word_freq_make	特征	实数
2	word_freq_address	特征	实数
3	word_freq_all	特征	实数
4	word_freq_3d	特征	实数
5	word_freq_our	特征	实数
6	word_freq_over	特征	实数
…	…	…	…
46	word_freq_edu	特征	实数
47	word_freq_table	特征	实数
48	word_freq_conference	特征	实数
49	char_freq_;	特征	实数
…	…	…	…
58	Spam	类别	0, 1

数据集总共有 4601 条数据，其中的每一行包含 48 个不同单词出现的频数，6 个标点符号出现的频数，3 个关于连续大写字母字符串长度的特征，以及一个标识是否为垃圾邮件的类标记。处理文本分类问题时，可使用的朴素贝叶斯分类器通常有两种：伯努利模型或多项式模型。词频特征便是多项式模型所使用的，而我们之前实现的并且打算在该项目中使用的是伯努利模型，伯努利模型不关心词频，只关心单词是否出现。在这个项目中，我们只使用关于单词的前 48 个特征，并将它们转换成代表词是否出现的布尔值特征（0 或 1）。

读者可使用任意方式将数据集文件 spambase.data 下载到本地。这个文件所在的 URL 为：https://archive.ics.uci.edu/ml/machine-learning-databases/spambase/spambase.data。

5.4.1　准备数据

首先，调用 Numpy 的 genfromtxt 函数加载数据集：

```
1.  >>> import numpy as np
2.  >>> data = np.loadtxt('spambase.data', delimiter=',')
3.  >>> data
4.  array([[0.000e+00, 6.400e-01, 6.400e-01, ..., 6.100e+01, 2.780e+02,
5.          1.000e+00],
6.         [2.100e-01, 2.800e-01, 5.000e-01, ..., 1.010e+02, 1.028e+03,
```

```
7.           1.000e+00],
8.          [6.000e-02, 0.000e+00, 7.100e-01, ..., 4.850e+02, 2.259e+03,
9.           1.000e+00],
10.         ...,
11.         [3.000e-01, 0.000e+00, 3.000e-01, ..., 6.000e+00, 1.180e+02,
12.          0.000e+00],
13.         [9.600e-01, 0.000e+00, 0.000e+00, ..., 5.000e+00, 7.800e+01,
14.          0.000e+00],
15.         [0.000e+00, 0.000e+00, 6.500e-01, ..., 5.000e+00, 4.000e+01,
16.          0.000e+00]])
```

取 data 中前 48 列，并将词频数转换为 0 或 1 的布尔值，作为 X：

```
1. >>> X = data[:, :48]
2. >>> X
3. array([[0.  , 0.64, 0.64, ..., 0.  , 0.  , 0.  ],
4.        [0.21, 0.28, 0.5 , ..., 0.  , 0.  , 0.  ],
5.        [0.06, 0.  , 0.71, ..., 0.06, 0.  , 0.  ],
6.        ...,
7.        [0.3 , 0.  , 0.3 , ..., 1.2 , 0.  , 0.  ],
8.        [0.96, 0.  , 0.  , ..., 0.32, 0.  , 0.  ],
9.        [0.  , 0.  , 0.65, ..., 0.65, 0.  , 0.  ]])
10. >>> X = np.where(X > 0, 1, 0) # 转换为布尔值
11. >>> X
12. array([[0, 1, 1, ..., 0, 0, 0],
13.        [1, 1, 1, ..., 0, 0, 0],
14.        [1, 0, 1, ..., 1, 0, 0],
15.        ...,
16.        [1, 0, 1, ..., 1, 0, 0],
17.        [1, 0, 0, ..., 1, 0, 0],
18.        [0, 0, 1, ..., 1, 0, 0]])
```

取 data 中的最后一列，并转换为整数类型（int），作为 y：

```
1. >>> y = data[:, -1].astype(np.int)
2. >>> y
3. array([1, 1, 1, ..., 0, 0, 0])
```

至此，数据准备完毕。

5.4.2 模型训练与测试

BernoulliNavieBayes 只有一个超参数 alpha，通常我们使用默认值 1 即可（拉普拉斯平滑）。

创建模型：

```
1.  >>> from navie_bayes import BernoulliNavieBayes
2.  >>> clf = BernoulliNavieBayes()
```

然后，调用 sklearn 中的 train_test_split 函数将数据集切分为训练集和测试集（比例为 7:3）：

```
1.  >>> from sklearn.model_selection import train_test_split
2.  >>> X_train, X_test, y_train, y_test = train_test_split(X, y,
test_size=0.3)
```

接下来，训练模型：

```
1.  >>> clf.train(X_train, y_train)
```

朴素贝叶斯分类器的训练是非常快速的，瞬间便完成了。

使用已训练好的模型对测试集进行预测，并调用 sklearn 中的 accuracy_score 函数计算预测的准确率：

```
1.  >>> from sklearn.metrics import accuracy_score
2.  >>> y_pred = clf.predict(X_test)
3.  >>> y_pred
4.  array([0, 0, 0, ..., 1, 0, 0])
5.  >>> accuracy = accuracy_score(y_test, y_pred)
6.  >>> accuracy
7.  0.8826937002172339
```

单次测试一下，预测的准确率为 88.27%。因为 BernoulliNavieBayes 只有一个对性能几乎没什么影响的超参数 alpha，所以我们无法通过调整超参数进行优化。

接下来以不同训练集/测试集比例训练多个模型，大量测试后比较各模型的性能：

```
1.  >>> def test(X, y, test_size, N):
2.  ...     acc = np.empty(N)
3.  ...     for i in range(N):
4.  ...         X_train, X_test, y_train, y_test = train_test_split(X, y,
test_size=test_size)
```

```
5. ...         clf = BernoulliNavieBayes()
6. ...         clf.train(X_train, y_train)
7. ...         y_pred = clf.predict(X_test)
8. ...         acc[i] = accuracy_score(y_test, y_pred)
9. ...     return np.mean(acc)
10. ...
11. >>> sizes = np.arange(0.3, 1, 0.1)
12. >>> sizes
13. array([0.3, 0.4, 0.5, 0.6, 0.7, 0.8, 0.9])
14. >>> [test(X, y, test_size, 100) for test_size in sizes]
15. [0.8779507603186097, 0.8754372623574145, 0.8761060408518035,
0.8763129300977905, 0.8764731449860291, 0.8749443086117903,
0.8739314175319973]
```

以上代码依次使用了训练集比例 70%, 60%, ..., 10%来训练模型并测试模型性能（每种比例测试 100 次取平均值），我们发现随着训练集的减小（测试集增大），模型性能仅有极微小的改变。这说明对于该分类问题，虽然朴素贝叶斯分类器预测准确率不是很高，但只需要使用很少的训练数据。

至此，我们这个识别垃圾邮件的项目就完成了。读者可以自行查阅相关资料实现多项式模型的朴素贝叶斯分类器，再对该项目进行实验。

第 6 章 支持向量机

支持向量机（Support Vector Machines，SVM）是一种二元分类模型。其核心思想是，训练阶段在特征空间中寻找一个超平面，它能（或尽量能）将训练样本中的正例和负例分离在它的两侧，预测时以该超平面作为决策边界判断输入实例的类别。寻找超平面的原则是，在可分离的情况下使超平面与数据集间隔最大化。支持向量机是一类模型的统称，其中包括线性可分支持向量机、线性支持向量机以及非线性支持向量机。

6.1 线性可分支持向量机

我们先从最简单的线性可分支持向量机讲起，它是其他复杂支持向量机的基础。

6.1.1 分离超平面

假设有数据集 $\boldsymbol{D}$，其中的样本 $(\boldsymbol{x}_i, y_i)$ 有两种类别，分别称为正例（$y_i = +1$）和负例（$y_i = -1$）。如果特征空间内存在某个超平面能将正例和负例完全正确地分离到它的两侧，则称数据集 $\boldsymbol{D}$ 为线性可分数据集；如果不存在，则称数据集 $\boldsymbol{D}$ 为线性不可分数据集。

如图 6-1 所示为一个线性可分数据集。

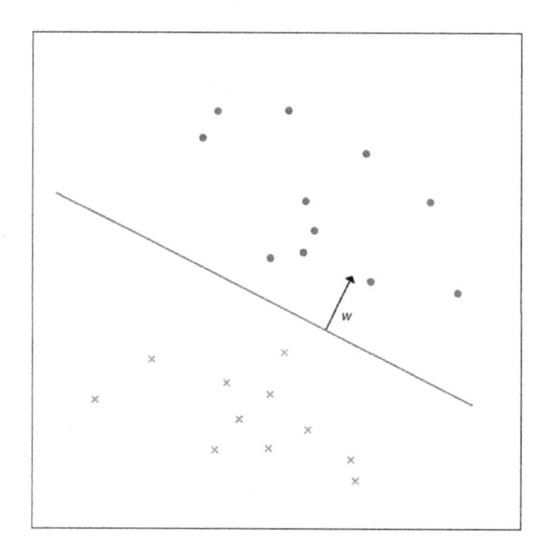

图 6-1

空间 $\mathbf{R}^n$ 中一个超平面，可用如下方程表示：

$$w^{\mathrm{T}}x+b=0$$

其中，$w\in\mathbf{R}^n$ 为平面的法向量，$b\in\mathbf{R}^1$ 为截距。

空间中的一点 x 与一个超平面 (w,b) 的相对位置可依据以下公式进行判断：

$$\begin{cases} w^{\mathrm{T}}x+b>0, & x\text{ 在平面上方} \\ w^{\mathrm{T}}x+b=0, & x\text{ 在平面上} \\ w^{\mathrm{T}}x+b<0, & x\text{ 在平面下方} \end{cases}$$

下面推导上述判断公式。在超平面上任意选取一点 x'，连接 x'（尾）和 x（头）构成向量$x-x'$，则向量 $x-x'$ 在法向量 w 方向上的标量投影为：

$$\begin{aligned} \alpha &= \frac{w^{\mathrm{T}}(x-x')}{\|w\|} \\ &= \frac{w^{\mathrm{T}}x-w^{\mathrm{T}}x'}{\|w\|} \\ &= \frac{w^{\mathrm{T}}x+b}{\|w\|} \end{aligned}$$

$\|w\|$ 总为正值，α 的符号取决于 $w^{\mathrm{T}}x+b$ 的符号。标量投影是点到超平面带符号的距离，超平面一侧的点向量投影总与 w 同方向，距离为正；超平面另一侧的点向量投影总与 w 反方向，距离为负。由此得出上述判断公式。

6.1.2 间隔最大化

对于一个线性可分数据集，实际上有无穷多个超平面可以完全正确地将正例和负例分离，我们要从中挑选一个作为决策边界。一个样本点距分离超平面越远，我们越能确信它会被正确分类。因此，挑选分离超平面的原则是该超平面尽量远离数据集中的每一个样本点。为刻画样本点与超平面的远近关系，下面定义两种间隔。

定义样本点 (x_i, y_i) 到超平面 (w, b) 的几何间隔（Geometric Margin）为：

$$\gamma_i = \frac{y_i\,(w^{\mathrm{T}}x + b)}{\|w\|}$$

定义样本点 (x_i, y_i) 到超平面 (w, b) 的函数间隔（Functional Margin）为：

$$\hat{\gamma}_i = y_i\,(w^{\mathrm{T}}x + b)$$

几何间隔与函数间隔的关系为：

$$\gamma_i = \frac{\hat{\gamma}_i}{\|w\|}$$

因为 α 是带符号的距离，在超平面对样本点 (x_i, y_i) 正确分类的情况下，几何间隔 γ_i 即为点到超平面的距离，则：

$$\gamma_i = y_i\alpha_i = |\alpha_i| > 0$$

再定义数据集与超平面的几何间隔为数据集中所有样本点与超平面的几何间隔的最小值，即：

$$\gamma = \min_i \gamma_i$$

回到分离超平面的挑选问题。用以上概念描述，我们所要挑选的是与数据集几何间隔最大的超平面，即求解如下约束最优化问题：

$$\begin{aligned} &\max_{w,b}\ \gamma \\ &s.t.\quad \frac{y_i\,(w^{\mathrm{T}}x_i + b)}{\|w\|} \geqslant \gamma \qquad i = 1, 2, \ldots, m \end{aligned}$$

将 $\gamma = \frac{\hat{\gamma}}{\|w\|}$ 代入上式，使用函数间隔描述该问题，得：

$$\begin{aligned} &\max_{w,b}\ \frac{\hat{\gamma}}{\|w\|} \\ &s.t.\quad y_i\,(w^{\mathrm{T}}x_i + b) \geqslant \hat{\gamma} \qquad i = 1, 2, \ldots, m \end{aligned}$$

再来思考，若将 (w,b) 按比例缩放至 $(\lambda w,\lambda b)$，其中$\lambda \neq 0$，此时由 $(\lambda w,\lambda b)$ 确定的与之前由 (w,b) 确定的是同一个超平面，但数据集函数间隔变为之前的 λ 倍，即 $\hat{\gamma}_{new}=\lambda\hat{\gamma}_{old}$。由此可发现，在超平面确定的情况下，按比例缩放 (w,b) 并不影响 $\frac{\hat{\gamma}}{\|w\|}$ 的值。这就意味着可以在给定 $\hat{\gamma}$ 为任意正值的情况下，来计算以上约束最优化问题，为计算方便，可令 $\hat{\gamma}=1$（换句话说，一旦超平面确定，总可以通过调整 λ 使得 $\hat{\gamma}=1$）。此时约束最优化问题变为：

$$
\begin{aligned}
&\max_{w,b} \ \frac{1}{\|w\|} \\
&s.t. \quad y_i\left(w^{\mathrm{T}}x_i+b\right) \geqslant 1 \qquad i=1,2,\ldots,m
\end{aligned}
$$

求 $\max\frac{1}{\|w\|}$，即求 $\min\frac{1}{2}\|w\|^2$，问题又等价于：

$$
\begin{aligned}
&\min_{w,b} \ \frac{1}{2}\|w\|^2 \\
&s.t. \quad y_i\left(w^{\mathrm{T}}x_i+b\right) \geqslant 1 \qquad i=1,2,\ldots,m
\end{aligned}
$$

以上形式的约束最优化问题为凸二次规划问题，求解该问题便可得到最大间隔分离超平面。下一节我们来学习求解方法。

6.1.3　拉格朗日对偶法

求解凸二次规划问题，可先利用拉格朗日对偶性（Lagrange Duality）将原始问题转换为对偶问题，再通过求解对偶问题得到原始问题的解。下面使用该方法求解上一节最后得出的凸二次规划问题。

1. 对偶问题

首先，令：

$$
\begin{aligned}
&f(w)=\frac{1}{2}\|w\|^2=\frac{1}{2}w^{\mathrm{T}}w \\
&c_i(w,b)=1-y_i\left(w^{\mathrm{T}}x_i+b\right) \qquad i=1,2,\ldots,m
\end{aligned}
$$

作广义拉格朗日函数：

$$
\begin{aligned}
L(w,b,\alpha)&=f(w)+\sum_{i=1}^{m}\alpha_i c_i(w,b) \\
&=\frac{1}{2}w^{\mathrm{T}}w-\sum_{i=1}^{m}\alpha_i y_i\left(w^{\mathrm{T}}x_i+b\right)+\sum_{i=1}^{m}\alpha_i
\end{aligned}
$$

其中，α_i为拉格朗日乘子，每个约束条件对应一个拉格朗日乘子，且有$\alpha_i \geqslant 0$。数据集有 m 个样本，则约束条件和拉格朗日乘子也有 m 个。

根据拉格朗日对偶性，原始问题的对偶问题为：

$$\max_{\alpha} \min_{w,b} L(w,b,\alpha)$$

先求 $\min_{w,b} L(w,b,\alpha)$，分别求 L 对 w,b 的梯度，并令其为 0：

$$\nabla_w L(w,b,\alpha) = w - \sum_{i=1}^{m} \alpha_i y_i x_i = 0$$

$$\nabla_b L(w,b,\alpha) = -\sum_{i=1}^{m} \alpha_i y_i = 0$$

得：

$$w = \sum_{i=1}^{m} \alpha_i y_i x_i$$

$$\sum_{i=1}^{m} \alpha_i y_i = 0$$

满足以上条件时 L 取到极值：

$$\begin{aligned}
\min_{w,b} L(w,b,\alpha) &= \frac{1}{2} w^{\mathrm{T}} w - \sum_{i=1}^{m} \alpha_i y_i \left(w^{\mathrm{T}} x_i + b\right) + \sum_{i=1}^{m} \alpha_i \\
&= \frac{1}{2} w^{\mathrm{T}} w - w^{\mathrm{T}} \sum_{i=1}^{m} \alpha_i y_i x_i + b \sum_{i=1}^{m} \alpha_i y_i + \sum_{i=1}^{m} \alpha_i \\
&= \frac{1}{2} w^{\mathrm{T}} w - w^{\mathrm{T}} w + \sum_{i=1}^{m} \alpha_i \\
&= -\frac{1}{2} w^{\mathrm{T}} w + \sum_{i=1}^{m} \alpha_i \\
&= -\frac{1}{2} \sum_{i=1}^{m} \sum_{j=1}^{m} \alpha_i \alpha_j y_i y_j \left(x_i^{\mathrm{T}} x_j\right) + \sum_{i=1}^{m} \alpha_i
\end{aligned}$$

此时，对偶问题变为：

$$\max_{\alpha} -\frac{1}{2}\sum_{i=1}^{m}\sum_{j=1}^{m}\alpha_i\alpha_j y_i y_j(x_i^{\mathrm{T}}x_j)+\sum_{i=1}^{m}\alpha_i$$

$$\begin{aligned}
s.t. \quad & \sum_{i=1}^{m}\alpha_i y_i = 0 \\
& \alpha_i \geqslant 0, \qquad\qquad i=1,2,\ldots,m
\end{aligned}$$

等价于：

$$\min_{\alpha} \frac{1}{2}\sum_{i=1}^{m}\sum_{j=1}^{m}\alpha_i\alpha_j y_i y_j(x_i^{\mathrm{T}}x_j)-\sum_{i=1}^{m}\alpha_i$$

$$\begin{aligned}
s.t. \quad & \sum_{i=1}^{m}\alpha_i y_i = 0 \\
& \alpha_i \geqslant 0, \qquad\qquad i=1,2,\ldots,m
\end{aligned}$$

以上对偶问题比原始问题容易求解。

2. 原始问题的解

接下来学习在已求得对偶问题的最优解后，如何通过该解求出原始问题的最优解。

在原始问题中，$f(w)$ 和 $c_i(w,b)$ 满足以下条件：

- $f(w)$ 和 $c_i(w,b)$ 是凸函数。
- 不等式约束 $c_i(w,b)$ 是严格可行的，即存在 w,b 使得所有 $c_i(w,b)<0$。

可以证明存在原始问题的最优解 (w^*,b^*)，以及对偶问题的最优解 α^*，使得原始问题和对偶问题的最优值相等，并且 (w^*,b^*) 和 α^* 满足 KKT（Karush-Kuhn-Tucker）条件：

$$\begin{aligned}
& \nabla_w L(w^*,b^*,\alpha^*) = w^* - \sum_{i=1}^{m}\alpha_i^* y_i x_i = 0 \\
& \nabla_b L(w^*,b^*,\alpha^*) = -\sum_{i=1}^{m}\alpha_i^* y_i = 0 \\
& \alpha_i^*(y_i\,({w^*}^{\mathrm{T}}x_i+b^*)-1)=0 \\
& y_i\,({w^*}^{\mathrm{T}}x_i+b^*)-1 \geqslant 0 \\
& \alpha_i^* \geqslant 0 \qquad\qquad\qquad i=1,2,\ldots,m
\end{aligned}$$

以上结论表明，如果我们求出了对偶问题最优解 α^*，便可计算出原始问题最优解 (w^*,b^*)，计算过程如下：

由 KKT 条件中的第 1 个等式，可推导出：

$$w^* = \sum_{i=1}^{m} \alpha_i^* y_i x_i$$

其中至少存在一个 $\alpha_j^* > 0$，否则 $w^* = 0$，而它不是原始问题的解。

若某 α_j^* 满足 $\alpha_j^* > 0$，由 KKT 条件中的第 3 个等式，可推导出：

$$y_j ({w^*}^{\mathrm{T}} x_j + b^*) = 1$$

其中与 α_j^* 对应的 x_j 被称为支持向量。图 6-2 中两个实心的（实例）圆点为支持向量，它们在间隔边界上（函数间隔为 1）。

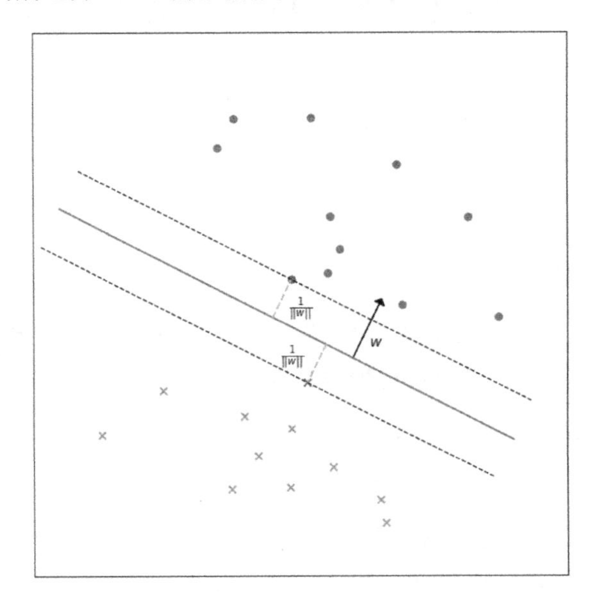

图 6-2

b^* 可由任意一个支持向量 ($\alpha_j^* > 0$) 所对应的等式求出（等式两端同乘以 y_j，且有 $y_j^2 = 1$）：

$$\begin{aligned} b^* &= y_j - {w^*}^{\mathrm{T}} x_j \\ &= y_j - \sum_{i=1}^{m} \alpha_i^* y_i (x_i^{\mathrm{T}} x_j) \end{aligned}$$

6.1.4 分类决策函数

如果找到了数据集 D 的最大间隔分离超平面 (w^*, b^*)，便可以用其构建分类器：根据输入实例 x 位于超平面 (w^*, b^*) 的哪一侧，将 x 判为正例或负例。

分类决策函数为：

$$h(x) = sign(w^{*\mathrm{T}}x + b^*) = \begin{cases} +1, & \text{如果} w^{*\mathrm{T}}x + b^* > 0 \\ -1, & \text{如果} w^{*\mathrm{T}}x + b^* < 0 \end{cases}$$

6.1.5　线性可分支持向量机算法

最后总结一下线性可分支持向量机算法。

假设数据集 D 有 m 个样本，其中 $x_i \in \mathbf{R^n}, y \in \{+1, -1\}$。线性可分支持向量机算法如下：

（1）构造并求解约束最优化问题：

$$\begin{aligned} \min_{\alpha} \ & \frac{1}{2}\sum_{i=1}^{m}\sum_{j=1}^{m}\alpha_i\alpha_j y_i y_j (x_i^{\mathrm{T}} x_j) - \sum_{i=1}^{m}\alpha_i \\ s.t. \ & \sum_{i=1}^{m}\alpha_i y_i = 0 \\ & \alpha_i \geqslant 0, \qquad\qquad i = 1, 2, \ldots, m \end{aligned}$$

求得最优解 α^*。

（2）计算原始问题最优解的 w^*：

$$w^* = \sum_{i=1}^{m}\alpha_i^* y_i x_i$$

并选择任意 $a_j^* > 0$，计算原始问题最优解的 b^*：

$$b^* = y_j - \sum_{i=1}^{m}\alpha_i^* y_i (x_i^{\mathrm{T}} x_j)$$

（3）构造分类决策函数：

$$\begin{aligned} h(x) &= sign(w^{*\mathrm{T}}x + b^*) \\ &= sign(\sum_{i=1}^{m}\alpha_i^* y_i (x_i^{\mathrm{T}} x) + b^*) \end{aligned}$$

其中：

$$sign(z) = \begin{cases} +1, & \text{如果} z > 0 \\ -1, & \text{如果} z < 0 \end{cases}$$

6.2 线性支持向量机

在现实问题中，数据集通常是线性不可分的。请看图 6-3 中的数据集，其中包含少量特异点（图中标示出的）使得数据集线性不可分，如果将特异点去掉，剩余数据子集依然是线性可分的。本节介绍的线性支持向量机是在线性可分支持向量机的基础上稍作改进得到的，它可以使用线性不可分数据集进行训练。

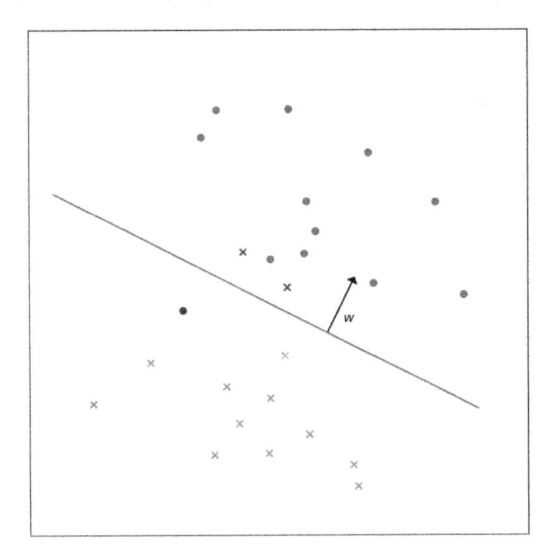

图 6-3

6.2.1 软间隔最大化

对于图 6-3 中的线性不可分数据集，无法找到一个超平面使得其中所有样本点都满足：

$$y_j(w^{\mathrm{T}}x_j+b)\geqslant 1$$

为了解决这个问题，线性支持向量机对每个样本点引进松弛变量$\xi_i \geqslant 0$，放宽约束条件：

$$y_j(w^{\mathrm{T}}x_j+b)\geqslant 1-\xi_i$$

为了使这种放宽适度，需要对每一个 ξ_i 进行一个代价为 $C\xi_i$ 的“惩罚”。其中的 $C>0$ 称为惩罚系数，其大小视具体应用问题而定，C 越大，对于错误分类的惩罚越重。

线性支持向量机挑选分离超平面的准则称为使“软间隔最大化”，其原始约束最优化问题为：

$$
\begin{aligned}
\min_{w,b,\xi}\ & \frac{1}{2}\|w\|^2 + C\sum_{i=1}^{m}\xi_i \\
s.t.\ & y_i\left(w^{\mathrm{T}}x_i + b\right) \geqslant 1 - \xi_i \qquad i = 1,2,\ldots,m \\
& \xi_i \geqslant 0 \qquad i = 1,2,\ldots,m
\end{aligned}
$$

作广义格朗日函数：

$$
L(w,b,\xi,\alpha,\mu) = \frac{1}{2}\|w\|^2 + C\sum_{i=1}^{m}\xi_i + \sum_{i=1}^{m}\alpha_i(1 - \xi_i - y_i\left(w^{\mathrm{T}}x_i + b\right)) + \sum_{i=1}^{m}\mu_i(-\xi_i)
$$

其中，α_i 和 μ_i 为拉格朗日乘子，且有 $\alpha_i \geqslant 0$，$\mu_i \geqslant 0$。

利用拉格朗日对偶性可得到原始问题的对偶问题为（此处省略推导过程）：

$$
\begin{aligned}
\min_{\alpha}\ & \frac{1}{2}\sum_{i=1}^{m}\sum_{j=1}^{m}\alpha_i\alpha_j y_i y_j(x_i^{\mathrm{T}}x_j) - \sum_{i=1}^{m}\alpha_i \\
s.t.\ & \sum_{i=1}^{m}\alpha_i y_i = 0 \\
& C - \alpha_i - \mu_i = 0, \\
& \alpha_i \geqslant 0, \\
& \mu_i \geqslant 0, \qquad i = 1,2,\ldots,m
\end{aligned}
$$

根据约束条件中的第二个等式有 $\mu_i = C - \alpha_i$，因此可将 μ_i 消去。最终对偶问题变为：

$$
\begin{aligned}
\min_{\alpha}\ & \frac{1}{2}\sum_{i=1}^{m}\sum_{j=1}^{m}\alpha_i\alpha_j y_i y_j(x_i^{\mathrm{T}}x_j) - \sum_{i=1}^{m}\alpha_i \\
s.t.\ & \sum_{i=1}^{m}\alpha_i y_i = 0 \\
& 0 \leqslant \alpha_i \leqslant C, \qquad i = 1,2,\ldots,m
\end{aligned}
$$

此时，原始问题最优解 (w^*,b^*) 和对偶 α^* 满足 KKT 条件：

$$
\nabla_w L(w^*,b^*,\xi^*,\alpha^*,\mu^*) = w^* - \sum_{i=1}^{m}\alpha_i^* y_i x_i = 0
$$

$$
\nabla_b L(w^*,b^*,\xi^*,\alpha^*,\mu^*) = -\sum_{i=1}^{m}\alpha_i^* y_i = 0
$$

$$\nabla_\xi L(w^*, b^*, \xi^*, \alpha^*, \mu^*) = C - \alpha^* - \mu^* = 0$$
$$\alpha_i^*(y_i(w^{*\mathrm{T}} x_i + b^*) - 1 + \xi_i^*) = 0$$
$$\mu_i^* \xi_i^* = 0$$
$$y_i(w^{*\mathrm{T}} x_i + b^*) - 1 + \xi_i^* \geq 0$$
$$\xi_i^* \geqslant 0$$
$$\alpha_i^* \geqslant 0$$
$$\mu_i^* \geqslant 0 \qquad\qquad i = 1, 2, \ldots, m$$

由 KKT 条件中的第 1 个等式，可推导出：

$$w^* = \sum_{i=1}^{m} \alpha_i^* y_i x_i$$

若某 α_j^* 满足 $0 < \alpha_j^* < C$，由 KKT 条件中的第 3 个和第 5 个等式可推导出 $\xi_j = 0$，再由第 4 个等式可推导出：

$$b^* = y_j - \sum_{i=1}^{m} \alpha_i^* y_i (x_i^{\mathrm{T}} x_j)$$

可以看出 (w^*, b^*) 计算公式与之前线性可分支持向量机中的计算公式完全相同。计算 b^* 时依然需要使用支持向量。线性支持向量机的支持向量不仅仅位于间隔边界上（函数间隔为 1），也可能位于间隔边界与分离超平面之间，甚至位于分离超平面误分类的一侧，图 6-4 所示的中间带的 5 个点（实例）都是支持向量。当 $0 < \alpha_j^* < C$ 时，相应 $\xi_j = 0$，支持向量 x_j 位于间隔边界上，使用这样的支持向量可计算出 b^*（如上式）。

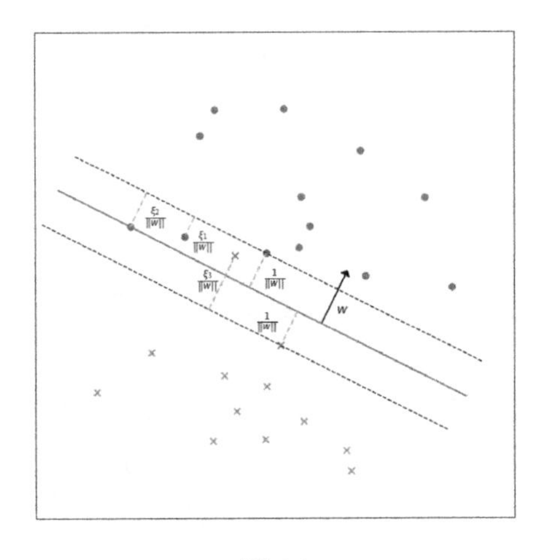

图 6-4

6.2.2　线性支持向量机算法

总结一下线性支持向量机算法。

假设数据集 $\boldsymbol{D}$ 有 m 个样本，其中$x_i \in \mathbf{R}^n, y \in \{+1, -1\}$。线性支持向量机算法如下：

（1）选取适当惩罚系数 C，构造并求解约束最优化问题：

$$\begin{aligned} &\min_{\alpha} \frac{1}{2} \sum_{i=1}^{m} \sum_{j=1}^{m} \alpha_i \alpha_j y_i y_j (x_i^{\mathrm{T}} x_j) - \sum_{i=1}^{m} \alpha_i \\ &s.t. \quad \sum_{i=1}^{m} \alpha_i y_i = 0 \\ &\qquad 0 \leqslant \alpha_i \leqslant C, \qquad i = 1, 2, \ldots, m \end{aligned}$$

求得最优解 $\boldsymbol{\alpha}^*$。

（2）计算原始问题最优解的 $\boldsymbol{w}^*$：

$$w^* = \sum_{i=1}^{m} \alpha_i^* y_i x_i$$

并选择任意 $0 < \alpha_j^* < C$，计算原始问题最优解的 $\boldsymbol{b}^*$：

$$b^* = y_j - \sum_{i=1}^{m} \alpha_i^* y_i (x_i^{\mathrm{T}} x_j)$$

（3）构造分类决策函数：

$$\begin{aligned} h(x) &= sign({w^*}^{\mathrm{T}} x + b^*) \\ &= sign(\sum_{i=1}^{m} \alpha_i^* y_i (x_i^{\mathrm{T}} x) + b^*) \end{aligned}$$

其中：

$$sign(z) = \begin{cases} +1, & \text{如果} z > 0 \\ -1, & \text{如果} z < 0 \end{cases}$$

6.3 非线性支持向量机

6.3.1 空间变换

之前讲过的两种支持向量机只能用于处理线性分类问题，但有时我们还会面对非线性分类问题。请看图 6-5 中的数据集，在 $\mathbf{R}^2$ 空间中，我们无法用一条直线（线性）将该数据集中的正例和负例正确地分隔开，但可以用一条圆形曲线（非线性）将它们分隔开。同样，$\mathbf{R}^n$ 空间中的数据集也有类似情况：不能用超平面进行分类，但可以用超曲面进行分类。这种使用非线性模型（超曲面）进行分类的问题称为非线性分类问题。

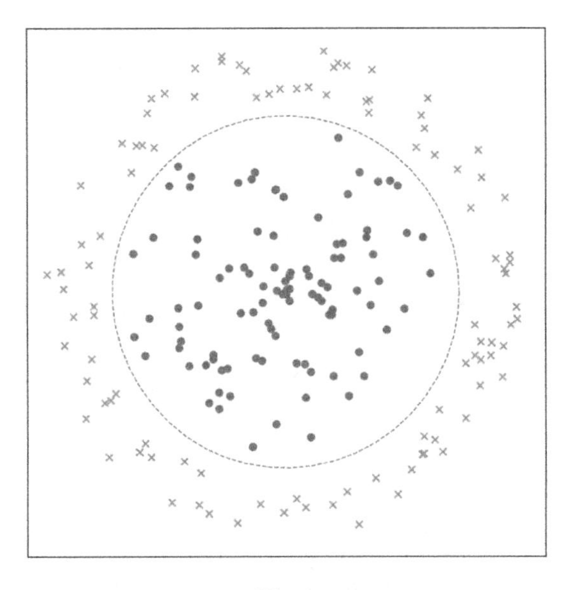

图 6-5

求解分离超曲面往往要比求解分离超平面困难很多，因此面对一个非线性分类问题时，我们希望能将其转化为一个线性分类问题，从而降低求解难度。转化问题的方法是使用某种非线性变换 $\boldsymbol{\phi}$，将原来空间 x 中的数据集映射到空间 H（通常是更高维的）中。以图 6-5 中的数据集为例，令非线性变换函数为：

$$\boldsymbol{\phi}(x) = (x_1, x_2, x_1^2 + x_2^2)$$

变换 $\boldsymbol{\phi}$ 为原数据 $\boldsymbol{x}$ 增加了一个维度，大小为 $\|x\|^2$。映射后的数据集在 $\mathbf{R}^3$ 空间中的情形如图 6-6 所示。

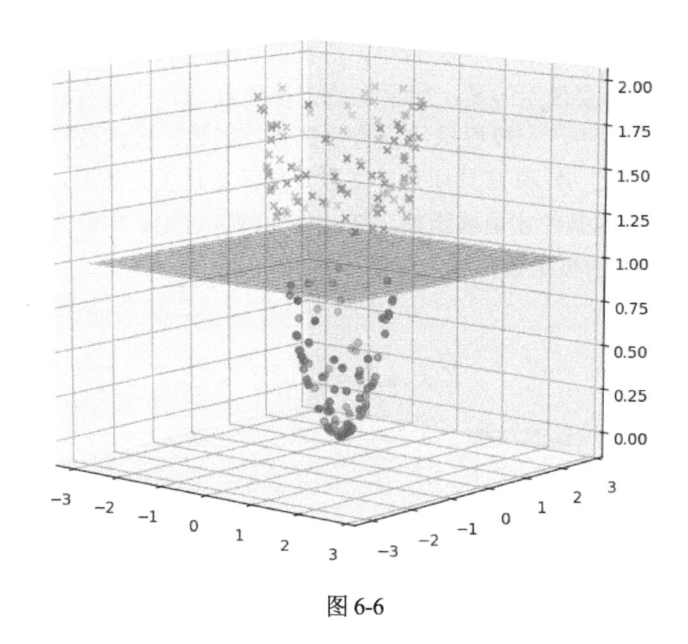

图 6-6

可以看出，映射到 $\mathbf{R}^3$ 空间后，原非线性分类问题变成了线性分类问题，此时再应用线性支持向量机算法，便可求得图中的最优分离超平面。

6.3.2　核技巧

虽然我们可以利用非线性变换处理非线性分类问题，但使用非线性变换时又面临新的问题：如果映射后的空间 H 维度非常高（甚至是无限维），将导致进行非线性变换所使用的存储空间和计算资源开销过大，有时甚至是无法实现的。然而，利用核技巧，可以解决这个问题。

请回顾线性支持向量机算法，可以发现无论是求解对偶问题还是使用模型预测，实际上只需要使用实例间的内积 $\boldsymbol{x}_i^{\mathrm{T}}\boldsymbol{x}_j$，而并不需要单独使用每一个实例 $\boldsymbol{x}_i$，这就意味着针对每一个实例 $\boldsymbol{x}_i$ 进行线性变换 $\boldsymbol{\phi}(\boldsymbol{x}_i)$ 并不是必需的。核技巧的核心思想是，利用核函数直接计算映射到空间 H 后实例间的内积，以此替代先作映射再计算内积。下面给出核函数的定义。

假设对于非线性变换函数 $\boldsymbol{\phi}$，有函数 $\boldsymbol{K}$ 使得：

$$\boldsymbol{K}(\boldsymbol{x}_i,\boldsymbol{x}_j)=\boldsymbol{\phi}(\boldsymbol{x}_i)^{\mathrm{T}}\boldsymbol{\phi}(\boldsymbol{x}_j)$$

则称 $\boldsymbol{K}$ 为核函数，它的值等于将向量 $\boldsymbol{x}_i$和$\boldsymbol{x}_j$ 使用函数 $\boldsymbol{\phi}$ 映射至 H 后，两个新向量的内积。

通常直接计算 $K(x_i,x_j)$ 开销比较小，因此我们使用它来避免开销巨大的线性变换运算 $\phi(x)$。另外需要说明的是，如果先给定核函数 K，可能存在多个满足条件的 ϕ 和 H。在实际应用中，一般根据经验直接选择核函数，核函数隐式地定义了特征空间 H，我们不必关心 ϕ 和 H 具体是什么以及核函数是否有效通过实验验证。关于函数 K 需满足怎样的条件才是核函数，在此不再深入讨论。

以下是几种常用的核函数。

（1）多项式核

$$K(x_i,x_j) = (x_i^{\mathrm{T}}x_j)^d$$

其中 $d \geqslant 1$，为多项式的次数。

（2）高斯核

$$K(x_i,x_j) = \exp\left(-\frac{\|x_i - x_j\|^2}{2\sigma^2}\right)$$

其中 $\sigma > 0$，为高斯核的带宽。

（3）拉普拉斯核

$$K(x_i,x_j) = \exp\left(-\frac{\|x_i - x_j\|}{\sigma}\right)$$

其中 $\sigma > 0$。

（4）Sigmoid 核

$$K(x_i,x_j) = \tanh(\beta x_i^{\mathrm{T}}x_j + \theta)$$

其中 tanh 为双曲正切函数，$\beta > 0$，$\theta < 0$。

6.3.3 非线性支持向量机算法

在线性支持向量机算法的基础上，只需使用 $K(x_i,x_j)$ 替代 $x_i^{\mathrm{T}}x_j$ 便可得到非线性支持向量机算法。

假设数据集 D 有 m 个样本，其中 $x_i \in \mathbf{R}^n, y \in \{+1,-1\}$。非线性支持向量机算法如下：

（1）选取适当惩罚系数 C 以及核函数 K，构造并求解约束最优化问题：

$$
\begin{aligned}
\min_{\alpha}\ & \frac{1}{2}\sum_{i=1}^{m}\sum_{j=1}^{m}\alpha_i\alpha_j y_i y_j K(x_i,x_j)-\sum_{i=1}^{m}\alpha_i \\
s.t.\ & \sum_{i=1}^{m}\alpha_i y_i = 0 \\
& 0\leqslant \alpha_i \leqslant C, \qquad\qquad i=1,2,\ldots,m
\end{aligned}
$$

求得最优解 α^*。

（2）选择任意 $0<\alpha_j^*<C$，计算原始问题最优解的 b^*：

$$b^* = y_j - \sum_{i=1}^{m}\alpha_i^* y_i K(x_i,x_j)$$

（3）构造分类决策函数：

$$h(x) = sign(\sum_{i=1}^{m}\alpha_i^* y_i K(x_i,x)+b^*)$$

其中：

$$sign(z)=\begin{cases}+1, & 如果z>0\\ -1, & 如果z<0\end{cases}$$

实际上，可将线性支持向量机算法视为核函数取 $K(x_i,x_j)=x_i^{\mathrm{T}}x_j$ 时的非线性支持向量机算法。

6.4　SMO 算法

本节我们学习一种实现支持向量机的具体算法，它被称为序列最小最优化算法（SMO）。回顾非线性支持向量机的约束最优化问题：

$$
\begin{aligned}
\min_{\alpha}\ & \frac{1}{2}\sum_{i=1}^{m}\sum_{j=1}^{m}\alpha_i\alpha_j y_i y_j K(x_i,x_j)-\sum_{i=1}^{m}\alpha_i \\
s.t.\ & \sum_{i=1}^{m}\alpha_i y_i = 0 \\
& 0\leqslant \alpha_i \leqslant C, \qquad\qquad i=1,2,\ldots,m
\end{aligned}
$$

它是一个具有全局最优解的凸二次规划问题，虽然有很多优化算法可以求解该问题，但在训练集很大时，这些算法需要很长的训练时间，以致无法使用。SMO 算法是一种快速实现算法，使用它可提升训练速度。

约束最优化问题的变量为 m 个拉格朗日乘子$\alpha_1, \alpha_2, \ldots, \alpha_m$。SMO 算法的核心思想是：每次挑选两个变量 α_i, α_j，固定其他变量不动，针对 α_i, α_j 进行优化，且使它们满足 KKT 条件。每进行一次优化，$\boldsymbol{\alpha} = (\alpha_1, \alpha_2, \ldots, \alpha_m)$ 将越接近最优解 $\boldsymbol{\alpha}^*$。反复执行优化过程，直至所有变量都满足 KKT 条件时，最优解 $\boldsymbol{\alpha}^*$ 便得到了。

6.4.1 两个变量最优化问题的求解

下面我们讨论两个变量的约束最优化问题的求解。

假设在某一次优化过程中，选择针对优化的变量为 α_1, α_2，固定其他变量 $\alpha_3, \alpha_4, \ldots, \alpha_m$不动（这里选择 α_1, α_2 只是为了阐述方便，求解并不具有特殊性，选择任意 α_i, α_j 方法是相同的）。

因为只针对 α_1, α_2 进行优化，所以其他变量为常数。可将约束最优化问题中不包含 α_1, α_2 的常数项去掉（最优解不变），问题变为：

$$
\begin{aligned}
\min_{\alpha_1, \alpha_2} W(\alpha_1, \alpha_2) = & \frac{1}{2} y_1^2 \alpha_1^2 K_{11} + \frac{1}{2} y_2^2 \alpha_2^2 K_{22} + y_1 y_2 \alpha_1 \alpha_2 K_{12} \\
& + y_1 \alpha_1 \sum_{i=3} y_i \alpha_i K_{1i} + y_2 \alpha_2 \sum_{i=3} y_i \alpha_i K_{2i} - (\alpha_1 + \alpha_2)
\end{aligned}
$$

$$
\begin{aligned}
s.t. \quad & \sum_{i=1}^{m} \alpha_i y_i = 0 \\
& 0 \leqslant \alpha_i \leqslant C, \qquad\qquad i = 1, 2, \ldots, m
\end{aligned}
$$

其中，$K_{ij} = K(x_i, x_j)$。

由第一个约束条件 $\sum_{i=1}^{m} \alpha_i y_i = 0$ 可推导出：

$$
y_1 \alpha_1 + y_2 \alpha_2 = -\sum_{i=3} y_i \alpha_i
$$

其他变量是固定不动的，因此上式右端为常数，第一个约束条件也可写成：

$$
y_1 \alpha_1 + y_2 \alpha_2 = \epsilon
$$

上式表明 (α_1, α_2) 位于一条直线上，又因为 $y_i \in \{+1, -1\}$，所以直线的斜率只能为+1 （$y_1 \neq y_2$ 时）或-1（$y_1 = y_2$时）。再由第二个约束条件 $0 \leqslant a_i \leqslant C$ 可知，(α_1, α_2)在$[0, C] \times [0, C]$ 的方形区域内。综合两个约束条件分析得出，(α_1, α_2) 可取值位于图 6-7 所示的线段上。

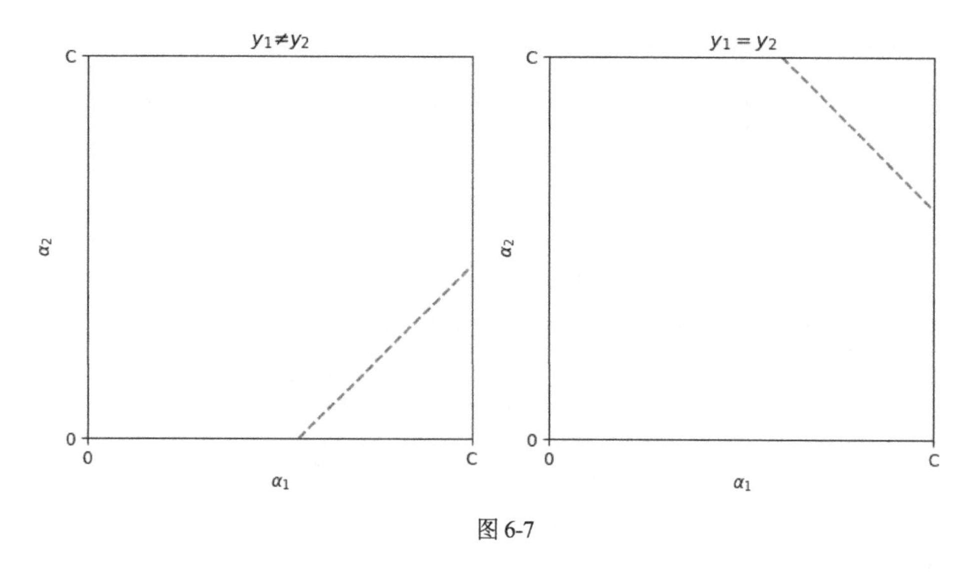

图 6-7

对于以上优化问题，我们可以先忽略第二个约束条件 $0\leqslant a_i\leqslant C$（即去掉方形边界的约束，让 (α_1,α_2) 在直线上任意移动），求出其中一个变量的解 $\alpha_2^{new,unc}$，再根据第二个约束条件对 $\alpha_2^{new,unc}$ 裁剪得到 α_2^{new}，有了 α_2^{new}，便可根据第一个约束条件计算出 α_1^{new}，最终得到优化问题的解 $(\alpha_1^{new},\alpha_2^{new})$。下面叙述具体求解过程。

（1）求解 $\alpha_2^{new,unc}$

在第一个约束条件下求目标函数的极值点，得到 $\alpha_2^{new,unc}$。

利用拉格朗日乘数法，作拉格朗日函数：

$$L(\alpha_1,\alpha_2,\lambda)=W(\alpha_1,\alpha_2)+\lambda(y_1\alpha_1+y_2\alpha_2-\epsilon)$$

求各偏导数，并令其为 0，得：

$$\begin{cases}\frac{\partial L}{\partial \alpha_1}=\alpha_1K_{11}+y_1y_2\alpha_2K_{12}+y_1\sum_{i=3}y_i\alpha_iK_{1i}-1+\lambda y_1=0 & \text{（1 式）}\\ \frac{\partial L}{\partial \alpha_2}=\alpha_2K_{22}+y_1y_2\alpha_1K_{12}+y_2\sum_{i=3}y_i\alpha_iK_{2i}-1+\lambda y_2=0 & \text{（2 式）}\\ \frac{\partial L}{\partial \lambda}=y_1\alpha_1+y_2\alpha_2-\epsilon=0 & \text{（3 式）}\end{cases}$$

为简化，令：

$$v_1=\sum_{i=3}y_i\alpha_iK_{1i}$$

$$v_2=\sum_{i=3}y_i\alpha_iK_{2i}$$

经观察可发现 v_1,v_2 不包含 α_1,α_2，为常数。

1 式两端乘以y_1，2 式两端乘以y_2，再由 $y_i^2=1$ 得：

$$\begin{cases} y_1\alpha_1K_{11}+y_2\alpha_2K_{12}+v1-y_1+\lambda=0 \\ y_2\alpha_2K_{22}+y_1\alpha_1K_{12}+v2-y_2+\lambda=0 \\ y_1\alpha_1+y_2\alpha_2-\epsilon=0 \end{cases}$$

1 式减 2 式，并根据 3 式消除其中的 $y_1\alpha_1$ 得：

$$(v_1-y_1)-(v_2-y_2)+\epsilon K_{11}-\epsilon K_{12}=y_2\alpha_2(K_{11}+K_{22}-2K_{12})$$

在以上等式中，除了α_2之外都为常数，因此 $\alpha_2^{new,unc}$可由该等式计算，但解的形式比较复杂，不便于算法描述。我们进一步整理，使得解的形式更加简洁。

在优化过程中，由当前 α 求得的分离超平面方程为 $g(x)=0$，则：

$$g(x)=\sum_{i=1}^{m}\alpha_iy_iK(x_i,x)+b$$

设：

$$E_i=E(x_i)=g(x_i)-y_i,\quad i=1,2$$

E_i 可理解 x_i 的预测值 $g(x_i)$ 与实际值 y_i 之差。

再设 α_1,α_2 优化前的值为 $\alpha_1^{old},\alpha_2^{old}$，根据第一个约束条件，它们同样满足：

$$y_1\alpha_1^{old}+y_2\alpha_2^{old}=\epsilon$$

再观察 v_1,v_2 的形式，可发现：

$$v_1=g(x_1)-b-y_1\alpha_1^{old}K_{11}-y_2\alpha_2^{old}K_{12}$$
$$v_2=g(x_2)-b-y_1\alpha_1^{old}K_{12}-y_2\alpha_2^{old}K_{22}$$

将以上 3 个等式代回之前的等式，得：

$$\begin{aligned}&(g(x_1)-b-y_1\alpha_1^{old}K_{11}-y_2\alpha_2^{old}K_{12}-y_1)\\ &-(g(x_2)-b-y_1\alpha_1^{old}K_{12}-y_2\alpha_2^{old}K_{22}-y_2)\\ &+y_1\alpha_1^{old}K_{11}+y_2\alpha_2^{old}K_{11}-y_1\alpha_1^{old}K_{12}-y_2\alpha_2^{old}K_{12}=y_2\alpha_2(K_{11}+K_{22}-2K_{12})\end{aligned}$$

经整理，得到：

$$y_2\alpha_2^{old}(K_{11}+K_{22}-2K_{12})+(E_1-E_2)=y_2\alpha_2(K_{11}+K_{22}-2K_{12})$$

最终求得形式简洁的 $\alpha_2^{new,unc}$：

$$\alpha_2^{new,unc}=\alpha_2^{old}+\frac{y_2(E_1-E_2)}{K_{11}+K_{22}-2K_{12}}$$

（2）求解 α_2^{new}

对 $\alpha_2^{new,unc}$ 裁剪得到 α_2^{new}。

根据第二个约束条件，可推导出 α_2^{new} 需满足：

$$L \leqslant \alpha_2^{new} \leqslant H$$

其中 L 和 H 为直线与方形边界交点处 α_2 的值。L 和 H可根据 $\alpha_1^{old},\alpha_2^{old}$进行计算。

当 $y_1 \neq y_2$ 时：

$$L = \max(0, \alpha_2^{old} - \alpha_1^{old})$$
$$H = \min(C, \alpha_2^{old} - \alpha_1^{old} + C)$$

当 $y_1 = y_2$ 时：

$$L = \max(0, \alpha_1^{old} + \alpha_2^{old} - C)$$
$$H = \min(C, \alpha_1^{old} + \alpha_2^{old})$$

如果 $\alpha_2^{new,unc}$ 不在 $[L,H]$ 范围内（不在线段上），则优化问题的解位于边界处。最终得出：

$$\alpha_2^{new} = \begin{cases} L, & \text{如果}\alpha_2^{new,unc} < L \\ \alpha_2^{new,unc}, & \text{如果}L \leqslant \alpha_2^{new,unc} \leqslant H \\ H, & \text{如果}\alpha_2^{new,unc} > H \end{cases}$$

（3）求解 α_1^{new}

通过 α_2^{new} 和第一个约束条件计算α_1^{new}。

根据第一个约束条件，有：

$$y_1\alpha_1^{new} + y_2\alpha_2^{new} = y_1\alpha_1^{old} + y_2\alpha_2^{old}$$

等式两端同乘以 y_1，整理得：

$$\alpha_1^{new} = \alpha_1^{old} + y_1 y_2(\alpha_2^{old} - \alpha_2^{new})$$

6.4.2　变量选择

我们已经了解了如何针对已选定的两个变量进行优化，下面再来讨论如何选择两个优化变量。

SMO 算法的最终目标是使所有变量都满足 KKT 条件，因此每次优化所选择的两个变量，其中至少有一个变量是违反以下 KKT 条件的：

$$\begin{cases} y_i g(x_i) \geqslant 1, & \text{如果}\ \alpha_i = 0 \\ y_i g(x_i) = 1, & \text{如果}\ 0 < \alpha_i < C \\ y_i g(x_i) \leqslant 1, & \text{如果}\ \alpha_i = C \end{cases}$$

上式中 (x_i, y_i) 为 α_i 对应的样本，$g(x_i) = \sum_{k=1}^{m} \alpha_k y_k K_{ik} + b$。

SMO 算法的一轮优化（包含多次）由两重循环构成，外层循环选择第一个变量 α_1，它必须是违反 KKT 条件的；内层循环根据已选 α_1 选择第二个变量 α_2；然后尝试对 α_1, α_2进行优化。大体流程如下：

```
1.  SMO 算法的一轮优化：
2.      外层循环：
3.          每次选择一个违反 KKT 条件的 alpha_1
4.          内层循环：
5.              每次根据已选 alpha_1，选择一个 alpha_2，并尝试对 alpha_1、alpha_2
进行优化
6.              IF 优化成功：
7.                  跳出内层循环，继续外层循环，迭代下一个 alpha_1
8.              ELSE:
9.                  继续内层循环，迭代下一个 alpha_2
```

选择第一个变量的外层循环，优先遍历所有非边界的 α_k（满足 $0 < \alpha_k < C$），其中违反 KKT 条件的可被选作 α_1；如果所有非边界 α_k 都满足 KKT 条件，则遍历所有的α_k，其中违反 KKT 条件的可被选作α_1。选择第一个变量的过程可描述为：

（1）遍历所有非边界的α_k依次判断它们是否违反 KKT 条件，违反的作为α_1。

（2）当方法 1 无效时，遍历所有的α_k，依次判断它们是否违反 KKT 条件，违反的作为α_1。

选择第二个变量的内层循环，在外层循环已选出α_1的情况下，应尽量使 α_2 在优化后有足够大的变化。由之前推导出的α_2更新公式可看出，α_2的变化大小与 $|E_1 - E_2|$ 大小相关，因此在 E_1 已确定（因为α_1已确定）的情况下，优先选择使得 $|E_1 - E_2|$ 最大的α_2。在特殊情况下，上述方法选择的α_2不能使目标函数有足够的下降，还需在所有非边界或所有的α_k中继续寻找一个能使目标函数有足够下降的α_2。选择第二个变量的过程可描述为：

（1）根据α_1 计算 E_1，寻找使得 $|E_1 - E_2|$ 最大的α_2。

（2）当方法 1 无效时，遍历所有非边界的α_k，依次作为α_2 进行尝试，直到目标函数有足够的下降。

（3）当方法 1 和方法 2 都无效时，遍历所有的α_k，依次作为α_2 进行尝试，直到目标函数有足够的下降。

（4）当以上方法都无效时，放弃当前α_1。

6.4.3　更新 b

每一次针对 α_1,α_2 成功优化后，都需要重新计算 b。b 的计算依然由以下 KKT 条件确立：

$$\begin{cases} y_i g(x_i) \geqslant 1, & \text{如果}\ \alpha_i = 0 \\ y_i g(x_i) = 1, & \text{如果}\ 0 < \alpha_i < C \\ y_i g(x_i) \leqslant 1, & \text{如果}\ \alpha_i = C \end{cases}$$

我们根据 α_i^{new} 是否位于边界，分情况进行讨论。

一种情况是，$\alpha_1^{new},\alpha_2^{new}$ 至少有一个不位于边界上。

如果 $0 < \alpha_1^{new} < C$，KKT 条件为：

$$y_1 g(x_1) = 1$$

上式两端乘以 y_1 并整理，得出：

$$E_1^{new} = g(x_1) - y_1 = 0$$

再将 $g(x_1) = \sum_{k=1}^{m} \alpha_k y_k K_{1k} + b$ 分别代入 E_1^{new} 和 E_1^{old} 的定义式，得：

$$E_1^{new} = \alpha_1^{new} y_1 K_{11} + \alpha_2^{new} y_2 K_{12} + \sum_{k=3}^{m} \alpha_k y_k K_{1k} + b_1^{new} - y_1$$

$$E_1^{old} = \alpha_1^{old} y_1 K_{11} + \alpha_2^{old} y_2 K_{12} + \sum_{k=3}^{m} \alpha_k y_k K_{1k} + b^{old} - y_1$$

以上两式相减并整理，可得出 b_1^{new} 的计算式为：

$$b_1^{new} = E_1^{new} - E_1^{old} - y_1 K_{11}(\alpha_1^{new} - \alpha_1^{old}) - y_2 K_{12}(\alpha_2^{new} - \alpha_2^{old}) + b^{old}$$

之前曾推导出当 $0 < \alpha_1^{new} < C$ 时，$E_1^{new} = 0$，因此：

$$b_1^{new} = -E_1^{old} - y_1 K_{11}(\alpha_1^{new} - \alpha_1^{old}) - y_2 K_{12}(\alpha_2^{new} - \alpha_2^{old}) + b^{old}$$

同理，如果 $0 < \alpha_2^{new} < C$，可得出 b_2^{new} 的计算式为：

$$b_2^{new} = -E_2^{old} - y_1 K_{21}(\alpha_1^{new} - \alpha_1^{old}) - y_2 K_{22}(\alpha_2^{new} - \alpha_2^{old}) + b^{old}$$

当 α_1^{new}，α_2^{new} 同时满足 $0 < \alpha_i^{new} < C$，则 $b_1^{new} = b_2^{new}$。

再来看另一种情况，如果α_1^{new}，α_2^{new}等于 0 或 C，即都位于边界，KKT 条件为：

$$\begin{cases} y_i g(x_i) \geqslant 1, & \text{如果}\ \alpha_i = 0, \\ y_i g(x_i) \leqslant 1, & \text{如果}\ \alpha_i = C \end{cases}$$

无论α_1^{new}，α_2^{new}取 0 或 C 的任意组合，总可根据以上不等式计算出 b^{new} 的范围，范围的两个边界正是 b_1^{new}，b_2^{new}，也就是说 b^{new} 可取 b_1^{new}，b_2^{new} 之间的任意值，此时取两者的中点作为b^{new}：

最终，b 的更新算法可描述为：

```
1.  分别计算 b1_new,b2_new
2.
3.  IF 0 < alpha_1 < C:
4.      b_new = b1_new
5.  ELSE IF 0 < alpha_2 < C:
6.      b_new = b2_new
7.  ELSE:
8.      b_new = (b1_new + b2_new) / 2
```

6.4.4 更新 E 缓存

为加速计算 SMO 算法使用了一个存储 E_k 的缓存。对于容量较大的训练集，缓存全部E_k可能开销很大，实际应用中可只缓存非边界 α_k 对应的E_k，它们在优化时使用得更频繁。对于那些使用较少的边界α_k 对应的E_k不进行缓存，需要时根据定义式实时计算。

首先考察 E_1, E_2 的更新。由于仅当 $0 < \alpha_i^{new} < C$ 时进行缓存，且满足该条件时 $E_i = 0$，因此E_1, E_2新公式为：

$$E_1 = 0$$
$$E_2 = 0$$

另外，缓存中其他有效的 E_j（非边界 α_j 对应的 E_j）受到 α_1, α_2 改变的影响，也需要进行更新。

E_j^{old}, E_j^{new}的定义式为：

$$E_j^{new} = \alpha_1^{new} y_1 K_{1j} + \alpha_2^{new} y_2 K_{2j} + \sum_{k=3}^{m} \alpha_k y_k K_{kj} + b^{new} - y_1$$

$$E_j^{old} = \alpha_1^{old} y_1 K_{1j} + \alpha_2^{old} y_2 K_{2j} + \sum_{k=3}^{m} \alpha_k y_k K_{kj} + b^{old} - y_1$$

以上两式相减并整理，可得出 E_j 的更新公式：

$$E_j^{new} = E_j^{old} + (b^{new} - b^{old}) + y_1 K_{1j}(\alpha_1^{new} - \alpha_1^{old}) + y_2 K_{2j}(\alpha_2^{new} - \alpha_2^{old})$$

6.5 算法实现

下面我们来实现 SMO 算法，代码如下：

```
1.  import numpy as np
2.
3.  class SMO:
4.      def __init__(self, C, tol, kernel='rbf', gamma=None):
5.          # 惩罚系数
6.          self.C = C
7.          # 优化过程中 alpha 步长的阈值
8.          self.tol = tol
9.
10.         # 核函数
11.         if kernel == 'rbf':
12.             self.K = self._gaussian_kernel
13.             self.gamma = gamma
14.         else:
15.             self.K = self._linear_kernel
16.
17.     def _linear_kernel(self, U, v):
18.         '''线性核函数'''
19.         return np.dot(U, v)
20.
21.     def _gaussian_kernel(self, U, v):
22.         '''高斯核函数'''
23.         if U.ndim == 1:
24.             p = np.dot(U - v, U - v)
25.         else:
26.             p = np.sum((U - v) * (U - v), axis=1)
27.         return np.exp(-p * self.gamma)
28.
29.     def _g(self, x):
30.         '''函数 g(x)'''
```

```
31.         alpha, b, X, y, E = self.args
32.
33.         idx = np.nonzero(alpha > 0)[0]
34.         if idx.size > 0:
35.             return np.sum(y[idx] * alpha[idx] * self.K(X[idx], x)) +
b[0]
36.         return b[0]
37.
38.     def _optimize_alpha_i_j(self, i, j):
39.         '''优化alpha_i， alpha_j'''
40.         alpha, b, X, y, E = self.args
41.         C, tol, K = self.C, self.tol, self.K
42.
43.         # 优化需有两个不同alpha
44.         if i == j:
45.             return 0
46.
47.         # 计算alpha[j]的边界
48.         if y[i] != y[j]:
49.             L = max(0, alpha[j] - alpha[i])
50.             H = min(C, C + alpha[j] - alpha[i])
51.         else:
52.             L = max(0, alpha[j] + alpha[i] - C)
53.             H = min(C, alpha[j] + alpha[i])
54.
55.         # L == H 时已无优化空间(一个点)
56.         if L == H:
57.             return 0
58.
59.         # 计算eta
60.         eta = K(X[i], X[i]) + K(X[j], X[j]) - 2 * K(X[i], X[j])
61.         if eta <= 0:
62.             return 0
63.
64.         # 对于alpha非边界使用E缓存。 边界alpha， 动态计算E
65.         if 0 < alpha[i] < C:
66.             E_i = E[i]
67.         else:
```

```
68.            E_i = self._g(X[i]) - y[i]
69.
70.         if 0 < alpha[j] < C:
71.            E_j = E[j]
72.         else:
73.            E_j = self._g(X[j]) - y[j]
74.
75.         # 计算 alpha_j_new
76.         alpha_j_new = alpha[j] +  y[j] * (E_i - E_j) / eta
77.
78.         # 对 alpha_j_new 进行裁剪
79.         if alpha_j_new > H:
80.            alpha_j_new = H
81.         elif alpha_j_new < L:
82.            alpha_j_new = L
83.         alpha_j_new = np.round(alpha_j_new, 7)
84.
85.         # 判断步长是否足够大
86.        if np.abs(alpha_j_new - alpha[j]) < tol * (alpha_j_new + alpha[j]
+ tol):
87.            return 0
88.
89.         # 计算 alpha_i_new
90.         alpha_i_new = alpha[i] + y[i] * y[j] * (alpha[j] - alpha_j_new)
91.         alpha_i_new = np.round(alpha_i_new, 7)
92.
93.         # 计算 b_new
94.         b1 = b[0] - E_i \
95.               -y[i] * (alpha_i_new - alpha[i]) * K(X[i], X[i]) \
96.               -y[j] * (alpha_j_new - alpha[j]) * K(X[i], X[j])
97.
98.         b2 = b[0] - E_j \
99.               -y[i] * (alpha_i_new - alpha[i]) * K(X[i], X[j]) \
100.                   -y[j] * (alpha_j_new - alpha[j]) * K(X[j], X[j])
101.
102.            if 0 < alpha_i_new < C:
103.               b_new = b1
104.            elif 0 < alpha_j_new < C:
```

```
105.                b_new = b2
106.            else:
107.                b_new = (b1 + b2) / 2
108.
109.            # 更新E缓存
110.            # 更新E[i]，E[j]。若优化后alpha若不在边界，则缓存有效且值为0
111.            E[i] = E[j] = 0
112.            # 更新其他非边界alpha对应的E[k]
113.            mask = (alpha != 0) & (alpha != C)
114.            mask[i] = mask[j] = False
115.            non_bound_idx = np.nonzero(mask)[0]
116.            for k in non_bound_idx:
117.                E[k] += b_new - b[0] + y[i] * K(X[i], X[k]) *
(alpha_i_new - alpha[i]) \
118.                        + y[j] * K(X[j], X[k]) * (alpha_j_new - alpha[j])
119.
120.            # 更新alpha_i，alpha_i
121.            alpha[i] = alpha_i_new
122.            alpha[j] = alpha_j_new
123.
124.            # 更新b
125.            b[0] = b_new
126.
127.            return 1
128.
129.        def _optimize_alpha_i(self, i):
130.            '''优化alpha_i， 内部寻找alpha_j'''
131.            alpha, b, X, y, E = self.args
132.
133.            # 对于alpha非边界，使用E缓存。 边界alpha， 动态计算E
134.            if 0 < alpha[i] < self.C:
135.                E_i = E[i]
136.            else:
137.                E_i = self._g(X[i]) - y[i]
138.
139.            # alpha_i仅在违反KKT条件时进行优化
140.            if (E_i * y[i] < -self.tol and alpha[i] < self.C) or \
141.                    (E_i * y[i] > self.tol and alpha[i] > 0):
```

```
142.            # 按优先级次序选择 alpha_j
143.
144.            # 分别获取非边界 alpha 和边界 alpha 的索引
145.            mask = (alpha != 0) & (alpha != self.C)
146.            non_bound_idx = np.nonzero(mask)[0]
147.            bound_idx = np.nonzero(~mask)[0]
148.
149.            # 优先级(-1)
150.            # 若非边界 alpha 个数大于 1，则寻找使得|E_i - E_j|
                  最大化的 alpha_j
151.            if len(non_bound_idx) > 1:
152.                if E[i] > 0:
153.                    j = np.argmin(E[non_bound_idx])
154.                else:
155.                    j = np.argmax(E[non_bound_idx])
156.
157.                if self._optimize_alpha_i_j(i, j):
158.                    return 1
159.
160.            # 优先级(-2)
161.            # 随机迭代非边界 alpha
162.            np.random.shuffle(non_bound_idx)
163.            for j in non_bound_idx:
164.                if self._optimize_alpha_i_j(i, j):
165.                    return 1
166.
167.            # 优先级(-3)
168.            # 随机迭代边界 alpha
169.            np.random.shuffle(bound_idx)
170.            for j in bound_idx:
171.                if self._optimize_alpha_i_j(i, j):
172.                    return 1
173.
174.        return 0
175.
176.    def train(self, X_train, y_train):
177.        '''训练'''
178.        m, _ = X_train.shape
```

```
179.
180.            # 初始化向量 alpha 和标量 b
181.            alpha = np.zeros(m)
182.            b = np.zeros(1)
183.
184.            # 创建 E 缓存
185.            E = np.zeros(m)
186.
187.            # 将各方法频繁使用的参数收集到列表，供调用时传递
188.            self.args = [alpha, b, X_train, y_train, E]
189.
190.            n_changed = 0
191.            examine_all = True
192.            while n_changed > 0 or examine_all:
193.                n_changed = 0
194.
195.                # 迭代 alpha_i
196.                for i in range(m):
197.                    if examine_all or 0 < alpha[i] < self.C:
198.                        n_changed += self._optimize_alpha_i(i)
199.
200.                # 若当前迭代非边界 alpha，且没有 alpha 改变，下次迭代所有 alpha
201.                # 否则，下次迭代非边界间 alpha
202.                examine_all = (not examine_all) and (n_changed == 0)
203.
204.            # 训练完成后保存模型参数
205.            idx = np.nonzero(alpha > 0)[0]
206.            # 1.非零 alpha
207.            self.sv_alpha = alpha[idx]
208.            # 2.支持向量
209.            self.sv_X = X_train[idx]
210.            self.sv_y = y_train[idx]
211.            # 3.b.
212.            self.sv_b = b[0]
213.
214.        def _predict_one(self, x):
215.            '''对单个输入进行预测'''
216.            k = self.K(self.sv_X, x)
```

```
217.            return np.sum(self.sv_y * self.sv_alpha * k) + self.sv_b
218.
219.        def predict(self, X):
220.            '''预测'''
221.            y_pred = np.apply_along_axis(self._predict_one, 1, X)
222.            return np.squeeze(np.where(y_pred > 0, 1., -1.))
```

上述代码简要说明如下（详细内容参看代码注释）：

- __init__()方法：构造器，保存用户传入的超参数，并根据参数 kernel 指定核函数。
- _gaussian_kernel()方法：高斯核函数的实现。
- _linear_kernel()方法：线性核函数的实现。实际上，使用线性核函数等于不使用核函数。
- _g()方法：$g(x)$ 函数的实现。
- _optimize_alpha_i_j()方法：尝试对由外层循环和内层循环选定的一对 α_1, α_2 进行优化。
- _optimize_alpha_i()方法：尝试对外层循环选定的 α_1 进行优化。优化需要两个变量，因此在该方法内部根据 4.2 节描述的规则执行内层循环选择 α_2，然后调用_optimize_alpha_i_j()方法针对α_1, α_2 进行优化。
- _predict_one()方法：　对单个实例进行预测。该方法功能和_g()方法相同，只是它使用已训练好的模型参数进行计算。
- train()方法：训练模型。该方法由 3 部分构成：
    - 首先初始化训练时使用的变量 alpha, b, E 缓存。
    - 反复执行外层循环，调用_optimize_alpha_i()方法训练模型。
    - 训练完成后，保存模型参数。
- predict()方法：预测。内部调用_predict_one()方法对 $\boldsymbol{X}$ 中每个实例进行预测。

6.6　项目实战

最后，我们来做一个 SVM 实战项目：使用 SVM 分类器识别手写英文字母，如表 6-1 所示。

表 6-1　手写字母数据集（https://archive.ics.uci.edu/ml/datasets/Letter+Recognition）

列号	列名	含义	特征/类标记	可取值
1	lettr	A~Z 的字母	类标记	A~Z
2	x-box	horizontal position of box	特征	整数
3	y-box	vertical position of box	特征	整数
4	width	width of box	特征	整数
5	high	height of box	特征	整数
6	onpix	total # on pixels	特征	整数
7	x-bar	mean x of on pixels in box	特征	整数
8	y-bar	mean y of on pixels in box	特征	整数
9	x2bar	mean x variance	特征	整数
10	y2bar	mean y variance	特征	整数
11	xybar	mean x y correlation	特征	整数
12	x2ybr	mean of x * x * y	特征	整数
13	xy2br	mean of x * y * y	特征	整数
14	x-ege	mean edge count left to right	特征	整数
15	xegvy	correlation of x-ege with y	特征	整数
16	y-ege	mean edge count bottom to top	特征	整数
17	yegvx	correlation of y-ege with x	特征	整数

数据集总共有 20000 条数据，其中的每一行包含一个手写字母的类标记以及该手写字母在黑白像素长方形中的 16 个特征。有 26 个字母就有 26 个类别，但我们实现的 SVM 是一个二元分类器，只能输出+1 或-1。因此，在这个项目中，我们只识别 26 个字母中某一个指定字母，实验中以字母“C”为例。

读者可使用任意方式将数据集文件 letter-recognition.data 下载到本地。这个文件所在的 URL 为：https://archive.ics.uci.edu/ml/machine-learning-databases/letter-recognition/letter-recognition.data。

6.6.1　准备数据

调用 numpy 的 genfromtxt 函数加载数据集：

```
1.  >>> import numpy as np
2.  >>> X = np.genfromtxt('letter-recognition.data', delimiter=',',
usecols=range(1, 17))
```

```
3.  >>> X
4.  array([[ 2.,  8.,  3., ...,  8.,  0.,  8.],
5.         [ 5., 12.,  3., ...,  8.,  4., 10.],
6.         [ 4., 11.,  6., ...,  7.,  3.,  9.],
7.         ...,
8.         [ 6.,  9.,  6., ..., 12.,  2.,  4.],
9.         [ 2.,  3.,  4., ...,  9.,  5.,  8.],
10.        [ 4.,  9.,  6., ...,  7.,  2.,  8.]])
11. >>> y = np.genfromtxt('letter-recognition.data', delimiter=',',
usecols=0, dtype=np.str)
12. >>> y
13. array(['T', 'I', 'D', ..., 'T', 'S', 'A'], dtype='<U1')
```

目前 y 中是字符串形式的类标记，我们把其中的'C'转换为+1，其他字母转换为-1：

```
1.  >>> y = np.where(y == 'C', 1, -1)
2.  >>> y
3.  array([-1, -1, -1, ..., -1, -1, -1])
```

至此，数据准备完毕。

6.6.2　模型训练与测试

SMO 的超参数有：

（1）惩罚系数 C
（2）步长阈值 tol
（3）核函数 kernel
（4）高斯核函数的参数 gamma（决定带宽大小）

首先，直觉上这样复杂的数据集应该不是线性可分或近似线性可分的（实验表明确实如此），因此我们决定使用高斯核函数。其余几个参数需要通过测试比较，选出最优组合。

我们先随意使用一组超参数（C=1，tol=0.01，gamma=0.01）进行一次实验，创建模型：

```
1.  >>> from svm import SMO
2.  >>> clf = SMO(C=1, tol=0.01, kernel='rbf', gamma=0.01)
```

然后，调用 sklearn 中的 train_test_split 函数将数据集切分为训练集和测试集（比例为 7:3）：

```
1.  >>> from sklearn.model_selection import train_test_split
2.  >>> X_train, X_test, y_train, y_test = train_test_split(X, y,
test_size=0.3)
```

训练模型：

```
1.  >>> clf.train(X_train, y_train)
```

使用（C=1， tol=0.01，gamma=0.01）这组超参数时，只需稍等几秒训练便完成了（使用某些参数时可能需要训练很久）。

使用已训练好的模型对测试集中的实例进行预测，并调用 sklearn 中的 accuracy_score 函数计算预测的准确率：

```
1.  >>> from sklearn.metrics import accuracy_score
2.  >>> y_pred = clf.predict(X_test)
3.  >>> accuracy = accuracy_score(y_test, y_pred)
4.  >>> accuracy
5.  0.993
```

99.3%的准确率看似很不错，但不要太乐观，要知道即使将所有测试点都预测成-1（一个字母'C'都没识别出来），也会有 95%以上的准确率，因为字母'C'在测试集中仅占 5%左右。我们进一步了解有多少字母'C'没有被识别出来，以及有多少其他字母被误认成了'C'。调用 sklearn 中的 confusion_matrix 函数可以帮助我们了解这些信息：

```
1.  >>> from sklearn.metrics import confusion_matrix
2.  >>> C = confusion_matrix(y_test, y_pred)
3.  >>> C
4.  array([[5788,    1],
5.         [  41,  170]])
```

以实际值和预测值为参数调用 confusion_matrix 函数，它返回了一个混淆矩阵 C，矩阵中 (i, j) 位置的元素代表：实际为第 i 个类别，被模型预测为第 j 个类别的样本的个数。也就是说，只有主对角线上的元素为各种预测正确的数量，其他位置的元素为各种预测错误的数量。那么，以上混淆矩阵的含义为：

- 有 5788 个非字母'C'被预测为非字母'C'，预测正确。
- 有 170 个字母'C'被预测为字母'C'，预测正确。

- 有 1 个非字母'C'被预测为字母'C'，预测错误。
- 有 41 个字母'C'被预测为非字母'C'，预测错误。

可以看出，字母'C'没有被识别出来的比例还是很高的，我们还需调整超参数以使性能更佳。

之后，我们尝试各种超参数的组合来训练模型并比较性能，该过程代码如下（具体参数根据实验情况随时调整）：

```
1.  # 用于保存各超参数组合的成绩
2.  acc_list = []
3.  p_list = []
4.
5.  # 待尝试的各超参数，可先粗调再细调
6.  C_list = [0.1, 1, 10, 100]
7.  gamma_list = [0.1, 1, 10, 100]
8.  for C in C_list:
9.      for gamma in gamma_list:
10.         # 迭代不同超参数组合， 创建模型
11.         clf = SVC(C=C, tol=0.01, kernel='rbf', gamma=gamma)
12.         # 训练，预测，计算准确率
13.         clf.fit(X_train, y_train)
14.         y_pred = clf.predict(X_test)
15.         accuracy = accuracy_score(y_pred, y_test)
16.         # 保存成绩
17.         acc_list.append(accuracy)
18.         p_list.append((C, gamma))
19.
20. # 找到最优超参数组合
21. idx = np.argmax(acc_list)
22. print(p_list(idx))
```

经过反复实验，发现将超参数设置为（C=5，tol=0.01，gamma=0.05）时，训练时间不会太久，并且性能不错：

```
1.  >>> clf = SMO(C=5, tol=0.01, kernel='rbf', gamma=0.05)
2.  >>> clf.train(X_train, y_train)
3.  >>> y_pred = clf.predict(X_test)
4.  >>> accuracy = accuracy_score(y_test, y_pred)
5.  >>> accuracy
```

```
6.  0.9988333333333334
7.  >>> C = confusion_matrix(y_test, y_pred)
8.  >>> C
9.  array([[5788,    1],
10.        [   6,  205]])
```

此时模型的预测准确率提高到了 99.88%，混淆矩阵给出的信息表明只有 6 个字母'C'没有被识别出来，1 个非字母'C'被误认成字母'C'，这样的性能是很令人满意的。

至此，我们这个项目就完成了。实际上，基于 SVM 也可以构建多元分类器（如识别 26 个字母），在这里就不再继续讨论了，有兴趣的读者可以查阅相关资料。

第7章

k 近邻学习

k近邻（k-Nearest Neighbor）学习简称kNN。它既可以作为分类方法，又可以作为回归方法。kNN几乎是最简单直白的机器学习算法，但在处理很多问题时非常有效。

7.1 kNN 学习

7.1.1 kNN 学习模型

kNN的基本思想简单直观：在处理某些问题时，我们认为两个实例在特征空间中的距离反映了它们之间的相似程度，距离越近则越相似。那么，对于一个输入实例 $\boldsymbol{x}$ 的类别或目标值，可根据训练集中与其距离最近的一些实例（最相似的实例）的类别或目标值进行推断。

假设数据集 $\boldsymbol{D}$ 为训练集，kNN对输入实例 $\boldsymbol{x}$ 进行预测的算法可描述为：

（1）根据某种距离度量方法（通常为欧式距离），找到 $\boldsymbol{D}$ 中与$\boldsymbol{x}$距离最近的 k 个实例。

（2）根据最近的k个实例的类别或目标值，对 $\boldsymbol{x}$ 的类别或目标值进行预测：

- 对于分类问题使用“投票法”，即取 k 个实例中出现最多的类标记作为 $\boldsymbol{x}$ 的预测结果。
- 对于回归问题使用“平均法”，即取 k 个实例的目标值的平均值作为 $\boldsymbol{x}$ 的预测结果。

本章我们主要讨论使用kNN处理分类问题。kNN分类本质上可视为根据训练数据和k值将特征空间划分成一个个小区域，确定每个区域内所有的实例点所属的类别。换句话说，对于给定的训练集和k值，一个输入实例 $\boldsymbol{x}$ 的类标记由它在特征空间的位置唯一确定。举一个例子，在极端情况 k=1 时（1NN也称为最近邻学习），1NN分类器会将输入实例 $\boldsymbol{x}$ 的类标记预测为与其最近的训练实例的类标记。图7-1清晰地展示了1NN分类器是如何根据训练集数据划分特征空间的。

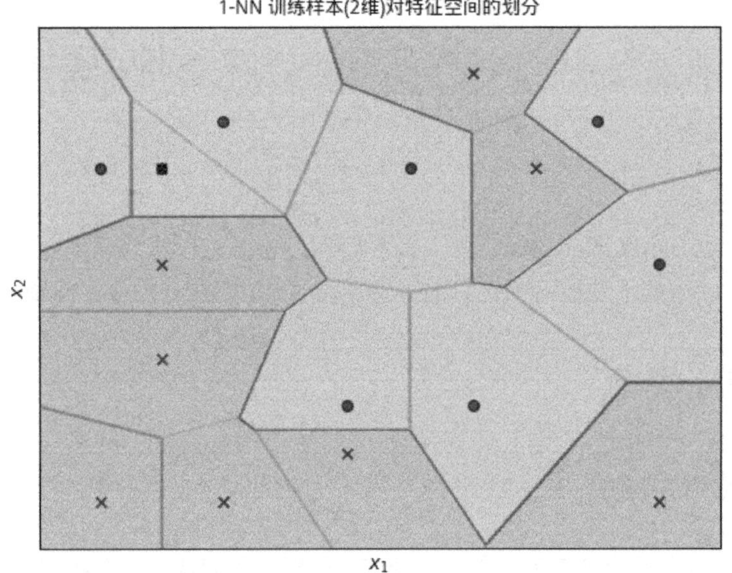

图 7-1

另外，kNN学习并没有显式的训练过程，或者说训练过程仅是把训练数据保存起来，只有在对一个输入实例 $\boldsymbol{x}$ 预测时模型才根据训练数据做出处理，这种方式称为“惰性学习”（Lazy Learning）。

7.1.2 距离的度量

在kNN学习中，假定特征空间中两个点（实例）的距离可以反映它们的相似程度。

特征空间 $\mathbf{R}^n$ 中两点距离的度量有多种方式，我们最熟悉的一种就是中学几何中学习的欧式距离，在KNN学习中通常也使用欧式距离。

$\mathbf{R}^n$ 中两个实例 x_i, x_j，它们的欧式距离定义为：

$$d(x_i, x_j) = \left(\sum_{l=1}^{n} (x_i^{(l)} - x_j^{(l)})^2 \right)^{\frac{1}{2}}$$

其中 $x^{(l)}$ 表示实例 x 的第 1 个特征。

在某些任务中，可能使用其他距离度量方式效果更佳，比如使用曼哈顿距离。x_i, x_j 的曼哈顿距离定义为：

$$d(x_i, x_j) = \sum_{l}^{n} |x_i^{(l)} - x_j^{(l)}|$$

实际上，以上两种距离可看作 $p=2$ 和 $p=1$ 时的闵可夫斯基距离。x_i, x_j 的闵可夫斯基距离定义为：

$$d(x_i, x_j) = \left(\sum_{k}^{n} |x_k^{(i)} - x_k^{(j)}|^p \right)^{\frac{1}{p}}$$

在实际应用中计算距离还需注意：在计算距离之前，通常应对各特征数据进行归一化处理，从而消除因各特征尺寸（或值）不同对距离计算造成的影响。举一个简单的例子：a、b、c 三人以cm和kg为单位的身高体重数据分别为（174, 78）、（177, 72）、（184, 80）。

分别计算a与b、c的距离（欧式距离）：

```
1.  >>> import numpy as np
2.  >>> X = np.array([[174., 78.], [177.,  72.], [184.,  80.]])
3.  >>> a, b, c = X
4.  >>> dist_ab = np.sum((a - b) ** 2) ** 0.5
5.  >>> dist_ab
6.  6.708203932499369
7.  >>> dist_ac = np.sum((a - c) ** 2) ** 0.5
8.  >>> dist_ac
9.  10.198039027185569
10. >>> dist_ab > dist_ac
11. False
```

计算结果表明a与b更近。如果身高数据的单位不是 cm 而是 m，再来计算a与b、c的距离：

```
1.  >>> X2 = np.array([[1.74,  78], [1.77,  72.], [1.84,  80.]])
2.  >>> a2, b2, c2 = X2
3.  >>> dist_ab2 = np.sum((a2 - b2) ** 2) ** 0.5
4.  >>> dist_ab2
5.  6.000074999531256
6.  >>> dist_ac2 = np.sum((a2 - c2) ** 2) ** 0.5
7.  >>> dist_ac2
8.  2.0024984394500787
9.  >>> dist_ab2 > dist_ac2
10. True
```

可以看到，仅改变了计量单位，a变成与c更近了。道理很简单，此时身高的数值远比体重的数值小，在计算距离时身高的影响就很小，这对尺寸较小的特征就“不太公平”。为了消除计量单位的影响，应将各特征的取值范围调整到一个统一的尺寸，归一化处理就是将各特征的数值都映射到 $[0,1]$ 之间。对于某样本 x_i 的第 l 个特征，归一化转换公式如下：

$$x_{i\_Norm}^{(l)} = \frac{x_i^{(l)} - x_{min}^{(l)}}{x_{max}^{(l)} - x_{min}^{(l)}}$$

下面分别对上面例子中的数据进行归一化处理：

```
1.  >>> X_norm = (X - X.min(axis=0)) / (X.max(axis=0) - X.min(axis=0))
2.  >>> X_norm
3.  array([[0.  , 0.75],
4.         [0.3 , 0.  ],
5.         [1.  , 1.  ]])
6.  >>> X2_norm = (X2 - X2.min(axis=0)) / (X2.max(axis=0) -
X2.min(axis=0))
7.  >>> X2_norm
8.  array([[0.  , 0.75],
9.         [0.3 , 0.  ],
10.        [1.  , 1.  ]])
11. >>> X_norm == X2_norm
12. array([[ True,  True],
```

```
13.         [ True,  True],
14.         [ True,  True]])
```

可以看出，某一特征无论如何选取计量单位，其归一化后的结果都是一致的。以归一化的数据再去计算距离，这样就对各特征“公平”了。使用归一化处理就能“公平”地对待每一个特征，但是，这并不意味着各个特征所携带的信息对于模型做分类是同等重要的，至少应该由我们确定哪些特征重要，而不是由其计量单位来决定。

7.1.3　k 值的选择

k值的选择对kNN模型的预测结果有很大的影响。以图7-2为例，当k=3时，预测结果为“三角”；当k=5时，预测结果为“方块”。

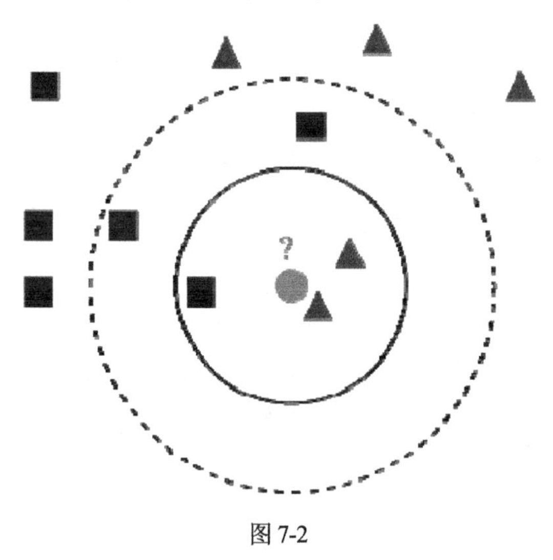

图 7-2

k值较小时，只有测试点周围很少的几个训练实例对预测有贡献，此时近似误差小，而估计误差大。预测结果对近邻的训练实例非常敏感，容易发生过度拟合；k值较大时，测试点周围较大范围内的训练实例都对预测有贡献，此时近似误差大，而估计误差小，虽然不容易发生过度拟合，但预测受到较远距离（不相似）训练实例的影响，导致预测发生错误。k值越小模型越复杂，k值越大模型越简单。在极端情况下，$k = m$ 时（m为训练集 D 的容量），对于任何输入实例的预测结果都为训练集中出现最多的类标记，此时模型过于简单，完全忽略了训练实例中包含的有用信息。

在实际应用中，k值一般选取一个比较小的数值（3,4,5,...）。通常可采用交叉验证法，在几个较小k值中选择最优的。

7.2 kNN 的一种实现：k-d 树

因为kNN模型非常简单，大家很快便可以想出一种最简单的kNN分类器的实现方法：

（1）对于一个输入实例，计算它和训练集中每一个实例的距离。

（2）根据距离寻找到最近k个邻居。

（3）根据邻居的类别对输入实例的类别进行预测。

以上搜索最近k个邻居的方式称作线性扫描，这种方法虽然实现起来简单，但缺点是需要计算输入实例和每一个训练实例间的距离，如果训练集容量非常大，计算则要耗费大量时间，以至于不可行。本节我们介绍一种常用的实现kNN分类器的方法：k-d树（k-dimensional tree，即k维树）。在寻找最近k个邻居时，k-d树搜索可以大大减少计算距离的次数，从而显著提高搜索效率。

k-d树是存储训练集实例的二叉树，树中每一个节点存储一个训练实例，一个节点对应特征空间中的一个k维超矩形区域（请注意：k-d 树中的“k”实际上指实例的特征数n，而kNN中的“k”指k个邻居）。互为兄弟的两个节点，它们对应的k维超矩形区域是紧挨在一起的，这两个超矩形区域是以父节点中实例的第 l 个特征 $x^{(l)}$ 作为切分点的，用特征空间中垂直于第 l 个轴的超平面，对父节点对应的超矩形区域进行切分得到的，这里的 l 由父节点深度 j 决定，计算式为 $l = j \pmod{\mathrm{n}}$。可以想象，k-d树中各层节点依次循环使用各特征进行切分，最终便把整个特征空间切分成了一个个小的超矩形区域。

7.2.1 构造 k-d 树

设训练集 $D \in \mathbf{R}^{\mathrm{n}}$，k-d树的根节点深度为1。构造k-d树的递归算法如下：

（1）算法输入参数为当前训练集T和当前所创建树（或子树）根节点的深度 j。

（2）根据 j 选择第 l 个特征 $x^{(l)}$ 作为切分特征，其中 $l = j \pmod{\mathrm{n}}$。

（3）以 T 中所有实例第 l 个特征的中位数作为切分点：

- 切分点对应的实例 x_{mid} 存入当前所创建树（或子树）的根节点。
- 以第 l 个特征小于中位数的实例构成的集合 T_1 和子树根节点深度 $j+1$ 为参数，递归调用该算法构造左子树。

- 以第 l 个特征大于中位数的实例构成的集合 T_2 和子树根节点深度 $j+1$ 为参数，递归调用该算法构造右子树。

（4）返回当前所创建树（或子树）的根节点。

以上算法描述可能有些抽象，下面我们通过一个例子演示k-d树的构造过程。

假设训练集 $D \in \mathbf{R}^2$，其中有6个实例：

$$(2,3),(5,4),(9,6),(4,7),(8,1),(7,2)$$

首先建立根节点，其深度为1，选择第1个特征进行切分。将实例根据第1个特征排序：

$$(2,3),(4,7),(5,4),(7,2),(8,1),(9,6)$$

使用中位数作为切分点，第1个特征的中位数是7，相应节点为 $(7,2)$，因此：

- 将 $(7,2)$ 存入根节点。
- 将 $(2,3),(4,7),(5,4)$ 划分到左子树。
- 将 $(8,1),(9,6)$ 划分到右子树。

继续构造 $(7,2)$ 的左子树，建立左子树根节点，其深度为2，选择第2个特征进行切分。将实例根据第2个特征排序：

$$(2,3),(5,4),(4,7)$$

第2个特征的中位数是4，相应节点为 $(5,4)$，因此：

- 将$(5,4)$ 存入$(7,2)$ 的左儿子节点。
- 将 $(2,3)$ 划分到左子树。
- 将 $(4,7)$ 划分到右子树。

继续构造 $(5,4)$ 的左右子树，此时左右子树都仅剩一个实例，因此：

- 将$(2,3)$ 存入$(5,4)$ 的左儿子节点。
- 将$(4,7)$ 存入$(5,4)$ 的右儿子节点。

构造 $(7,2)$ 的右子树的过程与左子树相同，不再赘述。

最终构造出的k-d树以及相应特征空间的切分情况如图7-3和图7-4所示。

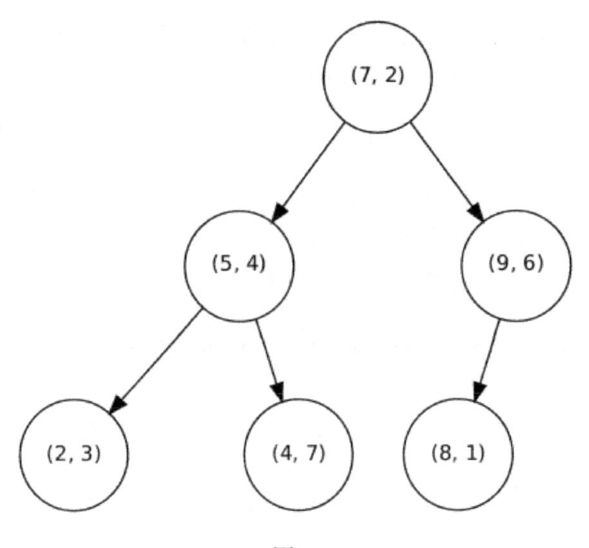

图 7-3

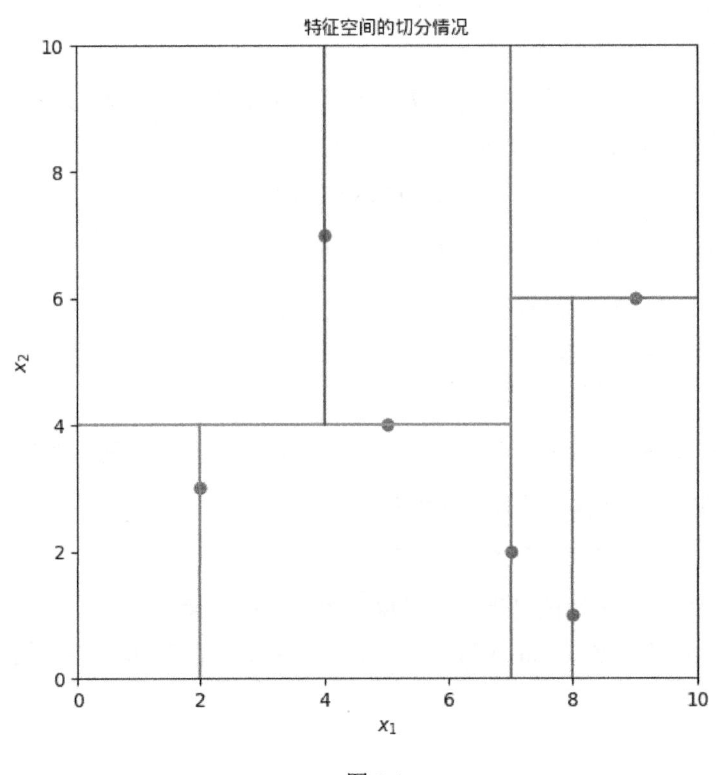

图 7-4

7.2.2 搜索k-d树

下面介绍如何在已有k-d树中搜索与给定的输入实例最近的k个邻居。k-d树搜索算法有些复杂，我们先以简单的最近邻（1NN）k-d树搜索为例进行讲解，再推广到k近邻（kNN）k-d树搜索。

之前我们提到，k-d树将特征空间划分成一个个小的超矩形区域，其中叶节点对应最小切分区域。显然给定的输入实例必然位于某个叶节点对应的区域内，k-d搜索算法首先要找到这个叶节点，并设这个叶节点为当前最近邻居，输入实例与叶节点的距离 r 为当前最近距离。可想而知，更近的邻居一定在以输入实例点为球心、r 为半径的超球体内。这个超球体可能不位于叶节点对应的超矩形区域内部，而与其他超矩形区域相交，这种情况下可能有更近的邻居存在于相交的超矩形区域内。因此，接下来搜索算法回退到父节点，在父节点对应的超矩形区域内进行搜索（更近的邻居可能是父节点，也可能位于兄弟节点对应的区域内），搜索完成后更新当前最近邻居以及当前最近距离 r。之后继续回退到当前节点的父节点并搜索相应区域，直到回退到k-d树的根节点，整个特征空间搜索完毕，最近邻居便找到了。下面给出算法的具体细节。

最近邻k-d树搜索的递归算法如下：

（1）算法输入参数为输入实例 x、树（或子树）根节点 $root$、当前最近邻居 x_{nn} 以及当前最近的距离 r_{nn}。

（2）从根节点出发，递归向下访问k-d树：

- 设当前访问节点中实例为 x_{node}，切分特征为第 l 个特征。
- 若 $x^{(l)} \leqslant x_{node}^{(l)}$，则移动到当前访问节点的左儿子节点。
- 若 $x^{(l)} > x_{node}^{(l)}$，则移动到当前访问节点的右儿子节点。

一直到达某个叶节点才停止。

（3）计算输入实例 x 到叶节点中实例的距离 r。若$r < r_{nn}$，则更新x_{nn}和r_{nn}。

（4）递归向根节点回退，每次搜索父节点对应的区域：

- 计算输入实例 x 到父节点中实例的距离r。若$r < r_{nn}$，则更新x_{nn} 和r_{nn}。
- 判断以 x 为球心，r_{nn}为半径的超球体是否与兄弟节点对应的区域相交。若相交，则以兄弟节点为根，递归调用最近邻搜索算法，尝试更新x_{nn} 和r_{nn}。

（5）回退到根节点算法就结束了，返回 x_{nn} 和 r_{nn}。

调用以上最近邻k-d树搜索算法时，可将输入实例 x 传给参数 x，k-d树的根传给参数 $root$，None传给参数 x_{nn}，$+\infty$ 传给参数 r_{nn}。

下面还是通过一个例子来演示最近邻k-d树的搜索过程。回顾7.2.1小节的例子中创建的k-d树，假设现在我们想在该树中找到输入实例 (6, 1) 的最近邻居。

对照图7-5想象以下搜索过程。

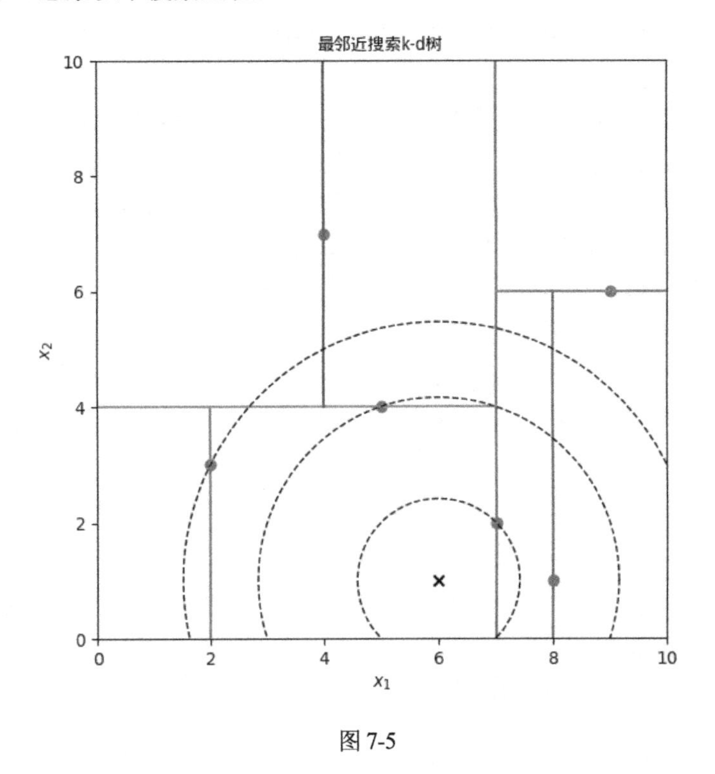

图 7-5

- 从图 7-5 中看出，输入实例(6, 1) 位于叶节点 (2, 3) 对应的区域内，因此经过搜索算法第（2）步后，当前节点为(2, 3)，并设当前最近邻居为(2, 3)，超球体为图 7-5 中最大的圆。
- 接着回退到(2, 3) 的父节点 (5, 4)。从图 7-5 中看出，输入实例到(5, 4) 的距离比到(2, 3) 更近，因此当前最近邻居更新为(5, 4)，超球体更新为图 7-5 中次大的圆。
- 次大的圆与(5, 4) 另一个子节点 (4, 7)((2, 3) 的兄弟节点)对应的区域相交，因此递归调用搜索算法搜索以(4, 7) 为根的子树（搜索过程省略），但并未找到更近的邻居。
- 继续回退到(5, 4) 的父节点 (7, 2)。从图 7-5 中看出，输入实例到(7, 2) 的距离比到(5, 4) 更近，因此当前最近邻居更新为(7, 2)，超球体更新为图 7-5 中最小的圆。

- 最小的圆与$(7,2)$另一个子节点$(9,6)$（$(5,4)$的兄弟节点）对应的区域相交，因此递归调用搜索算法搜索以$(9,6)$为根的子树（搜索过程省略），但并未找到更近的邻居。
- 已回退到根节点，算法结束，最终最近邻居为$(7,2)$。

相信读者已了解了最邻近k-d树搜索，在其基础上推广到k邻近k-d树搜索也很容易，只需使用一个容量为k的最大堆（Max Heap）存储k个最近邻居以及相应的k个距离，其中距离为键（Key）。搜索过程可视为在k-d树中搜索比最大堆中最远邻居更近的邻居，相关细节包括：

- 初始化堆时，可使用 k 个 $+\infty$ 作为距离将堆填满。
- 搜索过程中遇到新训练实例则计算距离，然后以距离为键（Key）执行一次入堆出堆的操作。如果距离足够小，则可从堆中挤出最远邻居，而新训练实例入堆成为 k 个最近邻居之一。整个搜索过程中堆的容量始终保持为 k。
- 最大堆的根节点存储了堆中最远邻居和最大距离。
- 超球体半径始终为堆根节点中存储的最大距离。

7.3 算法实现

7.3.1 线性扫描版本

首先，我们实现一个简单的线性扫描版本的kNN分类器，代码如下：

```
1.  import numpy as np
2.
3.  class KNN:
4.      def __init__(self, k_neighbors=5):
5.          # 保存最近邻居数 k
6.          self.k_neighbors = k_neighbors
7.
8.      def train(self, X_train, y_train):
9.          '''训练'''
10.
11.         # 仅保存训练集合
12.         self.X_train = X_train
13.         self.y_train = y_train
14.
```

```
15.     def _predict_one(self, x):
16.         '''对单个实例进行预测'''
17.
18.         # 计算到每个训练实例的距离
19.         d = np.linalg.norm(x - self.X_train, axis=1)
20.
21.         # 获得距离最近 k 个邻居的索引
22.         idx = np.argpartition(d, self.k_neighbors)
[:self.k_neighbors]
23.
24.         # 根据索引得到每个测试样本 k_neighbors 个邻居的 y 值
25.         y_neighbors = self.y_train[idx]
26.
27.         # 投票法:
28.         # 1.统计 k 个邻居中各类别出现的个数
29.         counts = np.bincount(y_neighbors)
30.         # 2.返回最频繁出现的类别
31.         return np.argmax(counts)
32.
33.     def predict(self, X):
34.         '''预测'''
35.
36.         # 对 X 中每个实例依次调用_predict_one 方法进行预测
37.         return np.apply_along_axis(self._predict_one, axis=1, arr=X)
```

上述代码简要说明如下（详细内容参看代码注释）。

- __init__()方法：保存了用户输入的 k 值。
- train()方法：训练模型。之前已经说过 kNN 属于“惰性学习”，该方法仅保存训练数据。
- _predict()方法：对单个实例进行预测。先计算输入实例与每一个训练实例的距离，然后找到最近 k 个邻居，最后统计出邻居中出现次数最多的类别，并作为返回值返回。
- predict()方法：预测。对 X 中每个实例，内部调用_predict_one 方法进行预测。

7.3.2　k-d 树版本

接下来，我们实现一个k-d树版本的kNN分类器，代码如下：

```
1.  import numpy as np
2.  from queue import deque
3.  import heapq
4.
5.  class KDTree:
6.      def __init__(self, k_neighbors=5):
7.          # 保存最近邻居数 k
8.          self.k_neighbors = k_neighbors
9.
10.     def _node_depth(self, i):
11.         '''计算节点深度'''
12.
13.         t = np.log2(i + 2)
14.         return int(t) + (0 if t.is_integer() else 1)
15.
16.     def _kd_tree_build(self, X):
17.         '''构造 k-d 树算法'''
18.
19.         m, n = X.shape
20.         tree_depth = self._node_depth(m - 1)
21.         M = 2 ** tree_depth - 1
22.
23.         # 节点由两个索引构成:
24.         # [0]实例索引，[1]切分特征索引
25.         tree = np.zeros((M, 2), dtype=np.int)
26.         tree[:, 0] = -1
27.
28.         # 使用队列按树的层级和顺序创建 KD-Tree
29.         indices = np.arange(m)
30.         queue = deque([[0, 0, indices]])
31.         while queue:
32.             # 队列中弹出一项包括:
33.             # 树节点索引，切分特征的索引，当前区域所有的实例索引
34.             i, l, indices = queue.popleft()
```

```
35.                 # 以实例第 l 个特征中的位数作为切分点进行切分
36.                 k = indices.size // 2
37.                 indices = indices[np.argpartition(X[indices, l], k)]
38.                 # 保存切分点实例到当前节点
39.                 tree[i, 0] = indices[k]
40.                 tree[i, 1] = l
41.
42.                 # 循环使用下一特征作为切分特征
43.                 l = (l + 1) % n
44.                 # 将切分点左右区域的节点划分到左右子树：将实例索引入队，创建左右子树
45.                 li, ri = 2 * i + 1, 2 * i + 2
46.                 if indices.size > 1:
47.                     queue.append([li, l, indices[:k]])
48.                 if indices.size > 2:
49.                     queue.append([ri, l, indices[k+1:]])
50.
51.             # 返回树及树的深度
52.             return tree, tree_depth
53.
54.     def _kd_tree_search(self, x, root, X, res_heap):
55.             '''搜索 k-d 树的递归算法，将最近的 k 个邻居存入最大堆'''
56.
57.             i = root
58.             idx = self.tree[i, 0]
59.             # 判断节点是否存在，若不存在，则返回
60.             if idx < 0:
61.                 return
62.
63.             # 获取当前 root 节点深度
64.             depth = self._node_depth(i)
65.             # 移动到 x 所在最小超矩形区域相应的叶节点
66.             for _ in range(self.tree_depth - depth):
67.                 s = X[idx]
68.                 # 获取当前节点切分特征的索引
69.                 l = self.tree[i, 1]
70.                 # 根据当前节点切分特征的值，选择移动到左儿子或右儿子节点
71.                 if x[l] <= s[l]:
72.                     i = i * 2 + 1
```

```
73.             else:
74.                 i = i * 2 + 2
75.             idx = self.tree[i, 0]
76.
77.         if idx > 0:
78.             # 计算到叶节点中实例的距离
79.             s = X[idx]
80.             d = np.linalg.norm(x - s)
81.
82.             # 执行入堆出堆的操作，更新当前 k 个最近邻居和最近距离
83.             heapq.heappushpop(res_heap, (-d, idx))
84.
85.         while i > root:
86.             # 计算到父节点中实例的距离， 并更新当前最近距离
87.             parent_i = (i - 1) // 2
88.             parent_idx = self.tree[parent_i, 0]
89.             parent_s = X[parent_idx]
90.             d = np.linalg.norm(x - parent_s)
91.
92.             # 执行入堆出堆的操作，更新当前 k 个最近邻居和最近距离
93.             heapq.heappushpop(res_heap, (-d, parent_idx))
94.
95.             # 获取切分特征的索引
96.             l = self.tree[parent_i, 1]
97.             # 获取超球体半径
98.             r = -res_heap[0][0]
99.             # 判断超球体(x, r)是否与兄弟节点区域相交
100.                if np.abs(x[l] - parent_s[l]) < r:
101.                    # 获取兄弟节点的树索引
102.                    sibling_i = (i + 1) if i % 2 else (i - 1)
103.                    # 递归搜索兄弟子树
104.                    self._kd_tree_search(x, sibling_i, X, res_heap)
105.
106.                # 递归向根节点回退
107.                i = parent_i
108.
109.        def train(self, X_train, y_train):
110.            '''训练'''
```

```
111.
112.            # 保存训练集
113.            self.X_train = X_train
114.            self.y_train = y_train
115.
116.            # 构造 k-d 树，保存树及树的深度
117.            self.tree, self.tree_depth = self._kd_tree_build (X_train)
118.
119.        def _predict_one(self, x):
120.            '''对单个实例进行预测'''
121.
122.            # 创建存储 k 个最近邻居索引的最大堆
123.            # 注意：标准库中的 heapq 实现的是最小堆，以距离的负数作为键则
                    等价于最大堆
124.            res_heap = [(-np.inf, -1)] * self.k_neighbors
125.            # 从根开始搜索 kd tree，将最近的 k 个邻居存入堆
126.            self._kd_tree_search(x, 0, self.X_train, res_heap)
127.            # 获取 k 个邻居的索引
128.            indices = [idx for _, idx in res_heap]
129.
130.            # 投票法：
131.            # 1.统计 k 个邻居中各类别出现的个数
132.            counts = np.bincount(self.y_train[indices])
133.            # 2.返回最频繁出现的类别
134.            return np.argmax(counts)
135.
136.        def predict(self, X):
137.            '''预测'''
138.
139.            # 对 X 中每个实例依次调用_predict_one 方法进行预测
140.            return np.apply_along_axis(self._predict_one, axis=1,
arr=X)
```

上述代码简要说明如下（详细内容参看代码注释）。

- __init__()方法：保存了用户输入的 k 值。
- _kd_tree_build()方法：构造 k-d 树算法。使用队列按树的层级和顺序依次构造树节点。

- _kd_tree_search()方法：搜索 k-d 树的递归算法。
- train()方法：训练模型。调用_kd_tree_build 方法构造 k-d 树。
- _predict()方法：对单个实例进行预测。调用_kd_tree_search 方法获取最近 k 个邻居，然后统计出邻居中出现次数最多的类别，并作为返回值返回。
- predict()方法：预测。对***X***中每个实例，内部调用_predict_one 方法进行预测。

7.4　项目实战

最后，我们来做一个kNN的实战项目：使用kNN分类器（k-d树版本）判断乳腺肿瘤是否为良性，如表7-1所示。

表7-1　乳腺肿瘤数据集

（http://archive.ics.uci.edu/ml/datasets/Breast+Cancer+Wisconsin+%28Diagnostic%29）

列号	列名	特征 / 类标记	可取值
1	ID	-	-
2	Class	类标记	M, B
3	radius (mean)	特征	实数
4	texture (mean)	特征	实数
5	perimeter (mean)	特征	实数
6	area (mean)	特征	实数
7	smoothness (mean)	特征	实数
8	compactness (mean)	特征	实数
9	concavity (mean)	特征	实数
10	concave points (mean)	特征	实数
11	symmetry (mean)	特征	实数
12	fractal dimension (mean)	特征	实数
…	…	…	…
30	concave points (worst)	特征	实数
31	symmetry (worst)	特征	实数
32	fractal dimension (worst)	特征	实数

数据集中有569条数据，其中每一条包含30项关于肿瘤的医学检查数据和1个肿瘤诊断结果（良性/恶性）。

读者可使用任意方式将数据集文件wdbc.data下载到本地。该文件所在的URL为：https://archive.ics.uci.edu/ml/machine-learning-databases/breast-cancer-wisconsin/wdbc.data

7.4.1 准备数据

调用Numpy的genfromtxt函数加载数据集：

```
1. >>> import numpy as np
2. >>> X = np.genfromtxt('wdbc.data', delimiter=',', usecols=range(2,
32))
3. >>> X
4. array([[1.799e+01, 1.038e+01, 1.228e+02, ..., 2.654e-01, 4.601e-01,
5.         1.189e-01],
6.        [2.057e+01, 1.777e+01, 1.329e+02, ..., 1.860e-01, 2.750e-01,
7.         8.902e-02],
8.        [1.969e+01, 2.125e+01, 1.300e+02, ..., 2.430e-01, 3.613e-01,
9.         8.758e-02],
10.        ...,
11.        [1.660e+01, 2.808e+01, 1.083e+02, ..., 1.418e-01, 2.218e-01,
12.         7.820e-02],
13.        [2.060e+01, 2.933e+01, 1.401e+02, ..., 2.650e-01, 4.087e-01,
14.         1.240e-01],
15.        [7.760e+00, 2.454e+01, 4.792e+01, ..., 0.000e+00, 2.871e-01,
16.         7.039e-02]])
17. >>> y = np.genfromtxt('wdbc.data', delimiter=',', usecols=1,
dtype=np.str)
18. >>> y
19. array(['M', 'M', 'M', 'M', 'M', 'M', 'M', 'M', 'M', 'M', 'M', 'M', 'M',
20.        'M', 'M', 'M', 'M', 'M', 'M', 'B', 'B', 'B', 'M', 'M', 'M', 'M',
21.        'M', 'M', 'M', 'M', 'M', 'M', 'M', 'M', 'M', 'M', 'M', 'B', 'M',
22.        'M', 'M', 'M', 'M', 'M', 'M', 'B', 'M', 'B', 'B', 'B', 'B',
23.        'B', 'M', 'M', 'B', 'M', 'M', 'B', 'B', 'B', 'B', 'M', 'B', 'M',
24.         ...,
25.        'B', 'B', 'M', 'B', 'B', 'M', 'B', 'M', 'B', 'M', 'M', 'B', 'B',
26.        'B', 'M', 'B', 'B', 'B', 'B', 'B', 'B', 'B', 'B', 'B', 'B', 'B',
27.        'M', 'B', 'M', 'M', 'B', 'B', 'B', 'B', 'B', 'B', 'B', 'B', 'B',
```

```
28.         'B', 'B', 'B', 'B', 'B', 'B', 'B', 'B', 'B', 'B', 'B', 'B', 'B',
29.         'B', 'B', 'B', 'M', 'M', 'M', 'M', 'M', 'M', 'B'], dtype='<U1')
```

目前y中是字符类标记，转换为整数类型（int）的类标记：

```
1.  >>> y = np.where(y == 'B', 1, 0)
2.  >>> y
3.  array([0, 0, 0, 0, 0, 0, 0, 0, 0, 0, 0, 0, 0, 0, 0, 0, 0, 0, 0, 1,
1, 1,
4.         0, 0, 0, 0, 0, 0, 0, 0, 0, 0, 0, 0, 0, 0, 0, 1, 0, 0, 0, 0, 0,
0,
5.         0, 0, 1, 0, 1, 1, 1, 1, 1, 0, 0, 1, 0, 0, 1, 1, 1, 1, 0, 1, 0,
0,
6.         1, 1, 1, 1, 0, 1, 0, 0, 1, 0, 1, 0, 0, 1, 1, 1, 0, 0, 1, 0, 0,
0,
7.         1, 1, 1, 0, 1, 1, 0, 0, 1, 1, 1, 0, 0, 1, 1, 1, 1, 0, 1, 1, 0,
1,
8.          ...,
9.         1, 1, 1, 1, 1, 1, 0, 1, 1, 1, 1, 1, 1, 1, 1, 1, 1, 0, 1, 1, 1,
1,
10.        1, 1, 1, 0, 1, 0, 1, 1, 0, 1, 1, 1, 1, 1, 0, 0, 1, 0, 1, 0, 1,
1,
11.        1, 1, 1, 0, 1, 1, 0, 1, 0, 1, 0, 0, 1, 1, 1, 0, 1, 1, 1, 1, 1,
1,
12.        1, 1, 1, 1, 1, 0, 1, 0, 0, 1, 1, 1, 1, 1, 1, 1, 1, 1, 1, 1, 1,
1,
13.        1, 1, 1, 1, 1, 1, 1, 1, 1, 1, 1, 1, 0, 0, 0, 0, 0, 0, 1])
```

数据准备完毕。

7.4.2　模型训练与测试

KDTree只有一个超参数，即邻居个数k。先以k=3来创建模型：

```
1.  >>> from kd_tree import KDTree
2.  >>> clf = KDTree(3)
```

然后，调用sklearn中的train_test_split函数将数据集切分为训练集和测试集（比例为7:3）：

```
1.  >>> from sklearn.model_selection import train_test_split
2.  >>> X_train, X_test, y_train, y_test = train_test_split(X, y, test_size=0.3)
```

接下来，训练模型：

```
1.  >>> clf.train(X_train, y_train)
```

使用已训练好的模型对测试集中的实例进行预测，并调用sklearn中的accuracy_score函数计算预测的准确率：

```
1.  >>> from sklearn.metrics import accuracy_score
2.  >>>
3.  >>> y_pred = clf.predict(X_test)
4.  >>> accuracy = accuracy_score(y_test, y_pred)
5.  >>> accuracy
6.  0.9298245614035088
```

单次测试一下，预测的准确率为92.98%. 再进行多次（50次）反复测试，观察平均的预测准确率：

```
1.  >>> def test(X, y, k):
2.  ...     X_train, X_test, y_train, y_test = train_test_split(X, y, test_size=0.3)
3.  ...
4.  ...     clf = KDTree(k)
5.  ...     clf.train(X_train, y_train)
6.  ...     y_pred = clf.predict(X_test)
7.  ...     accuracy = accuracy_score(y_test, y_pred)
8.  ...
9.  ...     return accuracy
10. ...
11. >>> accuracy_mean = np.mean([test(X, y, 3) for _ in range(50)])
12. >>> accuracy_mean
13. 0.9278362573099415
```

50次测试的平均预测准确率为92.78%。请注意，在以上测试中，我们并未对X的各特征进行归一化处理，这有可能导致预测准确率偏低。

下面调用sklearn中的MinMaxScaler函数对X的各特征进行归一化处理，再进行50次测试，观察平均的预测准确率：

```
1.  >>> from sklearn.preprocessing import MinMaxScaler
2.  >>> def test(X, y, k):
3.  ...     X_train, X_test, y_train, y_test = train_test_split(X, y,
test_size=0.3)
4.  ...
5.  ...     mms = MinMaxScaler()
6.  ...     X_train_norm = mms.fit_transform(X_train)
7.  ...     X_test_norm  = mms.transform(X_test)
8.  ...
9.  ...     clf = KDTree(k)
10. ...     clf.train(X_train_norm, y_train)
11. ...     y_pred = clf.predict(X_test_norm)
12. ...     accuracy = accuracy_score(y_test, y_pred)
13. ...
14. ...     return accuracy
15. ...
16. >>> accuracy_mean = np.mean([test(X, y, 3) for _ in range(50)])
17. >>> accuracy_mean
18. 0.9659649122807017
```

可以看到，对X的各特征进行归一化处理后，预测的准确率提升到了96.60%，性能还是不错的。

我们再来考察取不同k值（20以内的奇数）时，预测准确率的变化情况：

```
1.  >>> K = list(range(1, 20, 2))
2.  >>> K
3.  [1, 3, 5, 7, 9, 11, 13, 15, 17, 19]
4.  >>> K = [1, 3, 5, 7, 9, 11, 13, 15, 17, 19]
5.  >>> acc_arry = [[test(X, y, k) for _ in range(50)] for k in K]
6.  >>> np.mean(acc_arry, axis=1)
7.  array([0.95578947, 0.96444444, 0.96654971, 0.96526316, 0.9677193 ,
8.         0.96327485, 0.96187135, 0.96502924, 0.9574269 , 0.95988304])
```

根据以上结果绘制曲线，如图7-6所示。

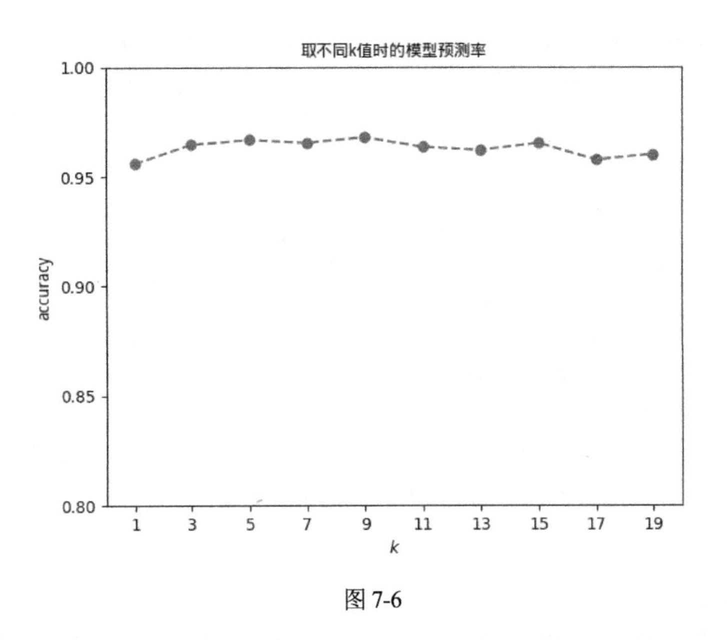

图 7-6

可以发现，对于当前这个分类问题取不同 k 值对模型性能的影响不大，k 取20以内的任意奇数时准确率都超过了95%，但都没能超过97%。

至此，我们使用kNN分类器判断肿瘤是否为良性的项目就完成了。

第8章 K-Means

K-Means也称为K均值，是一种聚类（Clustering）算法。聚类属于无监督式学习。在无监督式学习中，训练样本的标记信息是未知的，算法通过对无标记样本的学习来揭示蕴含于数据中的性质及规律。聚类算法的任务是根据数据特征将数据集相似的数据划分到同一簇（Clustering）。

8.1 K-Means

K-Means算法是一种应用非常广泛的聚类算法，它可以根据数据特征将数据集分成K个不同的簇，簇的个数K是由用户指定的。K-Means算法基于距离来度量实例间的相似程度（与之前学习过的kNN算法一样），然后把较为相似的实例划分到同一簇。

图8-1展示了K-Means算法将 $\mathbf{R}^2$ 空间中的一些点分为3簇（K=3）的结果。

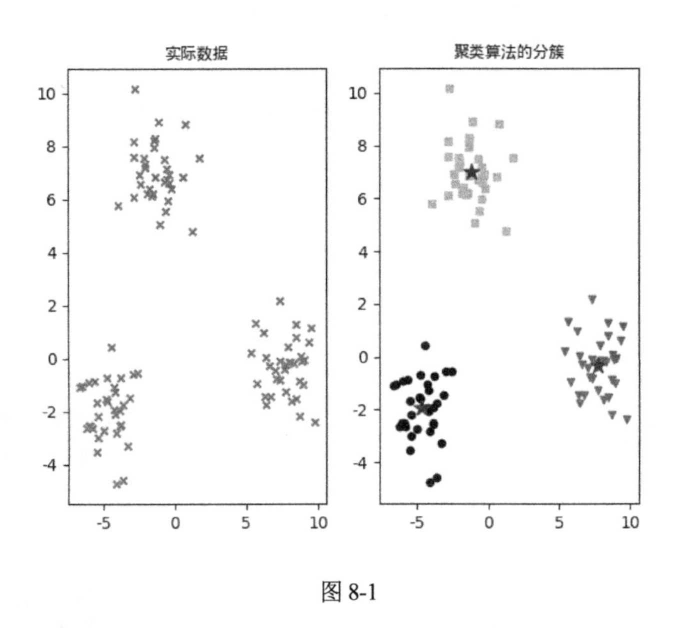

图 8-1

距离相近的点被分到了一簇，分簇的结果和我们的直觉相符。

8.1.1 距离的度量

K-Means算法同样涉及距离的度量方式，关于几种常用距离的度量方式，我们曾在第7章学习过，下面来回顾一下。

设 x_i, x_j 为 R^n 中的两个实例，x_i, x_j 的欧式距离定义为：

$$d(x_i, x_j) = \left(\sum_{l=1}^{n} (x_i^{(l)} - x_j^{(l)})^2 \right)^{\frac{1}{2}}$$

其中，$x^{(l)}$ 表示实例 x 的第 1 个特征。

x_i, x_j 的曼哈顿距离定义为：

$$d(x_i, x_j) = \sum_{l}^{n} |x_i^{(l)} - x_j^{(l)}|$$

x_i, x_j 的闵可夫斯基距离定义为：

$$d(x_i, x_j) = \left(\sum_{k}^{n} |x_k^{(i)} - x_k^{(j)}|^p \right)^{\frac{1}{p}}$$

对于大多数问题，K-Means算法使用的是我们熟悉的欧式距离。

8.1.2 聚类算法的性能

再来思考应如何评估聚类算法的性能（对数据集划分的好坏）？直观上看，一个好的划分应使得同一簇内的数据应该尽量相似（接近），而不同簇间的数据有较大差异（远离），即“簇内相似度”高，“簇间相似度”低。

聚类的性能度量大致有以下两类。

（1）外部指标：将聚类结果与某个“参考模型”进行比较。

（2）内部指标：直接考察聚类结果而不利用参考模型。

1. 外部指标

假设数据集 D 中有m个实例，聚类算法给出的簇划分为：

$$C=\{C_1,C_2,\ldots,C_K\}$$

令 $\lambda_i\in\{1,2,\ldots,K\}$为实例 x_i 在划分 C 中的簇标记，即 $x_i\in C_{\lambda_i}$。

参考模型给出的簇划分为：

$$C^*=\{C_1^*,C_2^*,\ldots,C_K^*\}$$

令 $\lambda_i^*\in\{1,2,\ldots,K\}$ 为实例 x_i 为在划分 C^* 中的簇标记，即 $x_i\in C_{\lambda_i^*}^*$。

定义以下集合：

$$SS=\{(x_i,x_j)\mid\lambda_i=\lambda_j,\lambda_i^*=\lambda_j^*,i<j\}$$
$$SD=\{(x_i,x_j)\mid\lambda_i=\lambda_j,\lambda_i^*\neq\lambda_j^*,i<j\}$$
$$DS=\{(x_i,x_j)\mid\lambda_i\neq\lambda_j,\lambda_i^*=\lambda_j^*,i<j\}$$
$$DD=\{(x_i,x_j)\mid\lambda_i\neq\lambda_j,\lambda_i^*\neq\lambda_j^*,i<j\}$$

各集合含义如下。

- SS: 在划分 C 中和划分 C^* 中都存在相同簇的实例对的集合。
- SD: 在划分C 中存在相同簇，在划分C^*中存在不同簇的实例对的集合。
- DS: 在划分C 中存在不同簇，在划分C^*中存在相同簇的实例对的集合。
- DD: 在划分C 中和划分C^* 中都存在不同簇的实例对的集合。

令：

$$a=|SS|$$
$$b=|SD|$$
$$c=|DS|$$
$$d=|DD|$$

其中，$|\cdot|$ 代表集合容量，可以推导出：

$$a+b+c+d=C_m^2=\frac{m(m-1)}{2}$$

利用以上定义式，定义下面常用的外部指标。

- Jaccard 系数（Jaccard Coefficient，JC）：

$$JC=\frac{a}{a+b+c}$$

- FM 指数（Fowlkes and Mallows Index，FMI）：

$$FMI=\sqrt{\frac{a}{a+b}\cdot\frac{a}{a+c}}$$

- Rand 指数（Rand Index，RI）：

$$RI=\frac{2(a+d)}{m(m+1)}$$

- ARI（Adjusted Rand Index）：

$$ARI=\frac{RI-E[RI]}{\max(RI)-E[RI]}$$

上述性能指标的取值均在 $[0,1]$ 区间，值越大，性能就越优。

2. 内部指标

假设聚类算法给出的簇划分为：

$$C=\{C_1,C_2,\ldots,C_K\}$$

簇 C_k 内实例间平均距离定义为：

$$avg(C_k)=\frac{2}{|C_k|(|C_k|-1)}\sum_{x_i,x_j\in C_k,i\leqslant j}d(x_i,x_j)$$

簇 C_k 内实例间最远距离定义为：

$$diam(C_k)=\max_{x_i,x_j\in C_k,i\leqslant j}d(x_i,x_j)$$

簇 C_k 与 簇 C_l 最近实例间的距离定义为：

$$d_{min}(C_k,C_l)=\min_{x_i\in C_k,x_j\in C_l}d(x_i,x_j)$$

μ_k 为簇 C_k 的质心点，即簇内所有实例的均值向量，其定义为：

$$\mu_k = \frac{1}{|C_k|}\sum_{x_i \in C_k} x_i$$

簇 C_k 的质心点与簇 C_l 的质心点间的距离定义为：

$$d_{cen}(C_k, C_l) = d(\mu_k, \mu_l)$$

利用以上定义式，定义下面常用的内部指标。

- DB 指数（Davies-Bouldin Index，DBI）：

$$DBI = \frac{1}{K}\sum_{k=1}^{K}\max_{l \neq k}\left(\frac{avg(C_k) + avg(C_l)}{d_{cen}(C_k, C_l)}\right)$$

- Dunn 指数（Dunn Index，DI）：

$$DI = \min_{1 \leqslant k \leqslant K}\left(\min_{l \neq k}\frac{d_{min}(C_k, C_l)}{\max_{1 \leqslant k \leqslant K} diam(C_r)}\right)$$

在上述指标中，DBI越小，性能越优，而DI越大，性能越优。

8.1.3 K-Means 算法

假设数据集 D 中的数据被K-Means算法分为K个簇 $C_1, C_2, \ldots, C_K$，簇的质心点分别为$\mu_1, \mu_2, \ldots, \mu_K$。

K-Means算法的目标是使以下簇内误差平方和（SSE）最小：

$$E = \sum_{k=1}^{K}\sum_{x \in c_k}\|x - \mu_k\|^2$$

E 越小，就意味着簇内相似度越高。但 E 的最小化并不容易直接求解，K-Means算法采用贪心策略，通过逐步迭代优化来得到一个近似解。具体的做法是，KMeans算法先假设K个簇的质心点，然后根据就近原则将数据集中的实例划入各簇，之后每一个簇根据簇内实例重新计算当前实际质心点，如果假设的质心点与当前实际的质心点不符，则再以当前实际质心点作为假设的质心点重复上述过程，直到相符为止。

K-Means算法流程如下：

（1）随机产生K个簇的质心点（可在合理范围内随机生成或在训练实例中随机抽取）。

（2）对于数据集 D 中的每个实例 x_i，分别计算到各簇质心点的距离，将 x_i 划分到与其距离最近的质心点所代表的簇。

（3）所有实例划分到各簇后，各簇使用簇内实例重新计算质心点。

（4）重复步骤（2）和（3），直到各簇质心点不再变动（或变化很小）或迭代到指定次数。

需要注意的是，K-Means算法未必能收敛到全局最优解，有可能收敛于一个局部最优解。

8.2 K-Means++

在K-Means算法中，初始簇质心点是随机产生的，如果产生的初始质心点位置不好，可能导致分簇效果不佳或算法收敛过慢等问题。

请看图8-2中的例子，中图和右图分别为K-Means算法对左图中数据集进行分簇的两次分簇结果，由于第二次分簇时的初始质心点位置不好，导致分簇效果很差。

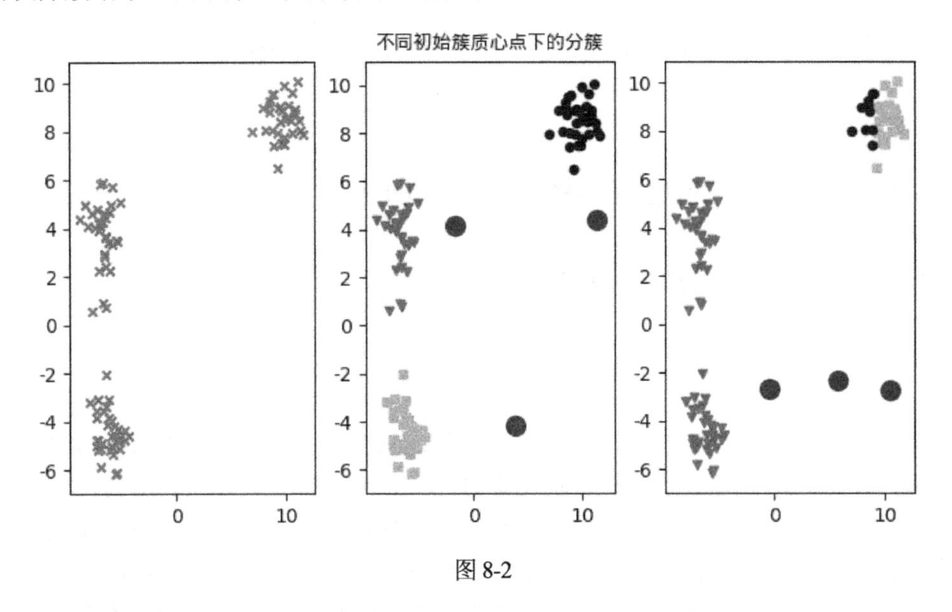

图 8-2

解决该问题可采用以下两种方案：

（1）多次以不同初始簇质心点运行K-Means算法得到多个分簇的结果，选择其中簇内SSE最低的分簇结果。

（2）使用K-Means算法的改进版本K-Means++算法。

K-Means++在K-Means的基础上，对初始簇质心点的产生进行了改进，它能产生彼此远离的初始簇质心点，通常可以得到一个更好的分簇结果。在实际应用中，也可以综合使用以上两种方案：多次执行K-Means++算法得到多个分簇结果，选择其中簇内SSE最低的分簇结果。

K-Means++产生初始簇质心点的算法如下：

（1）创建空集合 S，用于存储簇的K个质心点。

（2）从数据集 D 中随机抽取一个实例，作为第一个簇的质心点 μ_1，添加到 S。

（3）对于数据集 D 中每个实例 x_i，计算到 S 内各簇质心点的距离的平方，将其中的最小值记为 x_i 到 S 的距离的平方：

$$d(x_i, S)^2 = \min_{\mu_j \in S} \|x_i - \mu_j\|^2$$

（4）从 $D \cap S^c$ 中以如下加权概率分布随机产生下一个簇的质心点 μ_i，并添加到 S：

$$P(x_i) = \frac{d(x_i, S)^2}{\sum_j d(x_j, S)^2}$$

（5）重复执行步骤（3）和（4），直到选定K个簇的质心点。

8.3　算法实现

8.3.1　K-Means

首先实现K-Means算法，代码如下：

```
1.  import numpy as np
2.
3.  class KMeans:
4.      def __init__(self, k_clusters, tol=1e-4, max_iter=300):
5.          # 分为 k 簇
6.          self.k_clusters = k_clusters
7.          # 用于判断算法是否收敛的阈值
8.          self.tol = tol
9.          # 最大迭代次数
10.         self.max_iter = max_iter
11.
12.     def _init_centers_random(self, X, k_clusters):
13.         '''随机初始化簇的质心点'''
```

```
14.
15.         _, n = X.shape
16.         # 获取各特征的取值范围
17.         xmin = np.min(X, axis=0)
18.         xmax = np.max(X, axis=0)
19.
20.         # 在各特征的范围内，使用均匀分布产生 k_clusters 个簇的质心点
21.         return xmin + (xmax - xmin) * np.random.rand(k_clusters, n)
22.
23.     def _kmeans(self, X):
24.         '''K-Means 核心算法'''
25.
26.         m, n = X.shape
27.         # labels 用于存储对 m 个实例划分簇的标记
28.         labels = np.zeros(m, dtype=np.int)
29.         # distances 为 m * k 矩阵，存储 m 个实例分别到 k 个质心点的距离
30.         distances = np.empty((m, self.k_clusters))
31.         # centers_old 用于存储之前的簇质心点
32.         centers_old = np.empty((self.k_clusters, n))
33.
34.         # 初始化簇的质心点
35.         centers = self._init_centers_random(X, self.k_clusters)
36.
37.         for _ in range(self.max_iter):
38.             # 1.分配标记
39.             # ==========
40.             for i in range(self.k_clusters):
41.                 # 计算 m 个实例到各质心点的距离
42.                 np.sum((X - centers[i]) ** 2, axis=1, out=distances[:,
i])
43.             # 将 m 个实例划分到距离最近那个质心点代表的簇
44.             np.argmin(distances, axis=1, out=labels)
45.
46.             # 2.计算质心点
47.             # ==========
48.             # 保存之前的簇质心点
49.             np.copyto(centers_old, centers)
50.             for i in range(self.k_clusters):
```

```
51.                # 得到某簇的所有数据
52.                cluster = X[labels == i]
53.                # 注意：如果某个初始质心点离所有的数据都很远，可能导致没有实例
                       被划入该簇
54.                # 则无法分为 k 簇，返回 None 表示失败
55.                if cluster.size == 0:
56.                    return None
57.                # 使用重新划分的簇计算簇质心点
58.                np.mean(cluster, axis=0, out=centers[i])
59.
60.            # 3.判断收敛
61.            # ==========
62.            # 计算新质心点和旧质心点的距离
63.            delta_centers = np.sqrt(np.sum((centers - centers_old)
** 2, axis=1))
64.            # 距离低于阈值则判为算法收敛，结束迭代
65.            if np.all(delta_centers < self.tol):
66.                break
67.
68.        return labels, centers
69.
70.    def predict(self, X):
71.        '''对数据进行聚类'''
72.
73.        # 调用 self._kmeans 直到成功划分
74.        res = None
75.        while not res:
76.            res = self._kmeans(X)
77.
78.        # 将划分标记返回，并将簇质心点保存到类属性
79.        labels, self.centers_ = res
80.
81.        return labels
```

上述代码简要说明如下（详细内容参看代码注释）。

- __init__()方法：保存用户输入的 K 值，判断收敛的阈值，以及最大迭代次数。
- _init_centers_random()方法：随机初始化 K 个簇质心点的算法。
- _kmeans()方法：K-Means 核心算法。

- predict()方法：预测。内部调用_kmeans()方法对 X 中的实例进行聚类，返回各实例的簇标记。

8.3.2 K-Means++

接下来对前面实现的K-Means进行改进，实现K-Means++算法，代码如下：

```
1.  import numpy as np
2.
3.  class KMeans:
4.      def __init__(self, k_clusters, tol, max_iter, n_init):
5.          # 分为 k 簇
6.          self.k_clusters = k_clusters
7.          # 用于判断算法是否收敛的阈值
8.          self.tol = tol
9.          # 最大迭代次数
10.         self.max_iter = max_iter
11.         # 重新初始化质心点运行 kmeans 的次数
12.         self.n_init = n_init
13.
14.     def _init_centers_kpp(self, X, n_clusters):
15.         '''K-Means++初始化簇的质心点算法'''
16.
17.         m, n = X.shape
18.         distances = np.empty((m, n_clusters - 1))
19.         centers = np.empty((n_clusters, n))
20.
21.         # 随机选择第一个簇的质心点
22.         np.copyto(centers[0], X[np.random.randint(m)])
23.
24.         # 循环产生 k-1 个簇的质心点
25.         for j in range(1, n_clusters):
26.             # 计算各点到当前各簇质心点的距离的平方
27.             for i in range(j):
28.               np.sum((X - centers[i]) ** 2, axis=1, out=distances[:, i])
29.
30.             # 计算各点到最近质心点的距离的平方
31.             nds = np.min(distances[:, :j], axis=1)
32.
```

```
33.             # 以各点到最近质心点的距离的平方构成的加权概率分布，产生下一个簇质心点
34.             # 1.以[0, sum(nds))的均匀分布产生一个随机值
35.             r = np.sum(nds) * np.random.random()
36.             # 2.判断随机值 r 落于哪个区域，对应实例被选为簇质心点
37.             for k in range(m):
38.                 r -= nds[k]
39.                 if r < 0:
40.                     break
41.             np.copyto(centers[j], X[k])
42.
43.         return centers
44.
45.     def _kmeans(self, X):
46.         '''K-Means 核心算法'''
47.
48.         m, n = X.shape
49.         # labels 用于存储对 m 个实例划分簇的标记
50.         labels = np.zeros(m, dtype=np.int)
51.         # distances 为 m * k 矩阵，存储 m 个实例分别到 k 个质心点的距离
52.         distances = np.empty((m, self.k_clusters))
53.         # centers_old 用于存储之前的簇质心点
54.         centers_old = np.empty((self.k_clusters, n))
55.
56.         # 初始化簇质心点
57.         centers = self._init_centers_kpp(X, self.k_clusters)
58.
59.         for _ in range(self.max_iter):
60.             # 1.分配标签
61.             # ==========
62.             for i in range(self.k_clusters):
63.                 # 计算 m 个实例到各质心点的距离
64.               np.sum((X - centers[i]) ** 2, axis=1, out=distances[:, i])
65.             # 将 m 个实例划分到，距离最近那个质心点代表的簇
66.             np.argmin(distances, axis=1, out=labels)
67.
68.             # 2.计算质心点
69.             # ==========
70.             # 保存之前的簇质心点
```

```
71.             np.copyto(centers_old, centers)
72.             for i in range(self.k_clusters):
73.                 # 得到某簇的所有数据
74.                 cluster = X[labels == i]
75.                 # 注意：如果某个初始质心点离所有数据都很远，可能导致没有实例
                        被划入该簇
76.                 # 则无法分为 k 簇，返回 None 表示失败
77.                 if cluster.size == 0:
78.                     return None
79.                 # 使用重新划分的簇计算簇质心点
80.                 np.mean(cluster, axis=0, out=centers[i])
81.
82.             # 3.判断收敛
83.             # ==========
84.             # 计算新质心点和旧质心点的距离
85.             delta_centers = np.sqrt(np.sum((centers - centers_old)
** 2, axis=1))
86.             # 距离低于容忍度则判为算法收敛，结束迭代
87.             if np.all(delta_centers < self.tol):
88.                 break
89.
90.         # 计算簇内 sse
91.         sse = np.sum(distances[range(m), labels])
92.         return labels, centers, sse
93.
94.     def predict(self, X):
95.         '''分簇'''
96.
97.         # 用于存储多次运行_kmeans 的结果
98.         result = np.empty((self.n_init, 3), dtype=np.object)
99.
100.         # 运行 self.n_init 次_kmeans
101.         for i in range(self.n_init):
102.             # 调用 self._kmeans 直到成功划分
103.             res = None
104.             while res is None:
105.                 res = self._kmeans(X)
106.             result[i] = res
```

```
107.
108.            # 选择最优的分簇结果(sse 最低)，作为最终结果返回
109.            k = np.argmin(result[:, -1])
110.            labels, self.centers_, self.sse_ = result[k]
111.
112.            return labels
```

上述代码简要说明如下（详细内容参看代码注释）。

- __init__()方法：保存用户输入的 K 值，判断收敛的阈值、最大迭代次数以及重置初始化簇质心点运行算法的次数。
- _init_centers_kpp()方法：K-Means++初始化 k 个簇质心点的算法。
- _kmeans()方法：K-Means 核心算法。
- predict()方法：预测。内部 n_init 次调用_kmeans()方法对 $\boldsymbol{X}$ 中的实例进行聚类。选择其中最优的分簇结果。返回各实例的簇标记。

8.4 项目实战

最后，我们来做一个K-Means聚类的实战项目：使用K-Means（K-Means++版本）算法对小麦种子数据集进行聚类，如表8-1所示。

表8-1　种子数据集（https://archive.ics.uci.edu/ml/datasets/seeds）

列号	列名	含义	特征 / 类标记	可取值
1	area	区域	特征	实数
2	perimeter	周长	特征	实数
3	compactness	紧密度	特征	实数
4	length of kernel	籽粒长度	特征	实数
5	width of kernel	籽粒宽度	特征	实数
6	asymmetry coefficient	不对称系数	特征	实数
7	length of kernel groove	籽粒腹沟长度	特征	实数
8	class	类别	类标记	1,2,3

数据集中包含210条数据，其中每一条包含种子的7个计量特征以及1个类标记。K-Means聚类算法不使用类标记信息，但我们可以将其作为参考模型给出分簇结果，用来度量K-Means的性能。其中种子的类别数为3，因此在实验中我们令K=3。

读者可使用任意方式将数据集文件seeds_dataset.txt下载到本地，这个文件所在的URL为：https://archive.ics.uci.edu/ml/machine-learning-databases/00236/seeds_dataset.txt。

8.4.1 准备数据

调用Numpy的genfromtxt函数加载数据集：

```
    1.  >>> import numpy as np
    2.  >>> X = np.genfromtxt('seeds_dataset.txt', usecols=range(7))
    3.  >>> X
    4.  array([[15.26  , 14.84  , 0.871 , ..., 3.312 , 2.221 , 5.22  ],
    5.         [14.88  , 14.57  , 0.8811, ..., 3.333 , 1.018 , 4.956 ],
    6.         [14.29  , 14.09  , 0.905 , ..., 3.337 , 2.699 , 4.825 ],
    7.         ...,
    8.         [13.2   , 13.66  , 0.8883, ..., 3.232 , 8.315 , 5.056 ],
    9.         [11.84  , 13.21  , 0.8521, ..., 2.836 , 3.598 , 5.044 ],
    10.        [12.3   , 13.34  , 0.8684, ..., 2.974 , 5.637 , 5.063 ]])
    11. >>> labels = np.genfromtxt('seeds_dataset.txt', usecols=7,
dtype=np.int)
    12. >>> labels
    13. array([1, 1, 1, 1, 1, 1, 1, 1, 1, 1, 1, 1, 1, 1, 1, 1, 1, 1, 1, 1,
1, 1,
    14.        1, 1, 1, 1, 1, 1, 1, 1, 1, 1, 1, 1, 1, 1, 1, 1, 1, 1, 1, 1, 1,
1,
    15.        1, 1, 1, 1, 1, 1, 1, 1, 1, 1, 1, 1, 1, 1, 1, 1, 1, 1, 1, 1, 1,
1,
    16.        1, 1, 1, 1, 2, 2, 2, 2, 2, 2, 2, 2, 2, 2, 2, 2, 2, 2, 2, 2, 2,
2,
    17.        2, 2, 2, 2, 2, 2, 2, 2, 2, 2, 2, 2, 2, 2, 2, 2, 2, 2, 2, 2, 2,
2,
    18.        2, 2, 2, 2, 2, 2, 2, 2, 2, 2, 2, 2, 2, 2, 2, 2, 2, 2, 2, 2, 2,
2,
    19.        2, 2, 2, 2, 2, 2, 2, 2, 3, 3, 3, 3, 3, 3, 3, 3, 3, 3, 3, 3, 3,
3,
    20.        3, 3, 3, 3, 3, 3, 3, 3, 3, 3, 3, 3, 3, 3, 3, 3, 3, 3, 3, 3, 3,
3,
    21.        3, 3, 3, 3, 3, 3, 3, 3, 3, 3, 3, 3, 3, 3, 3, 3, 3, 3, 3, 3, 3,
3,
    22.        3, 3, 3, 3, 3, 3, 3, 3, 3, 3, 3, 3])
```

```
23. >>> labels[:70]
24. array([1, 1, 1, 1, 1, 1, 1, 1, 1, 1, 1, 1, 1, 1, 1, 1, 1, 1, 1, 1,
1, 1,
25.        1, 1, 1, 1, 1, 1, 1, 1, 1, 1, 1, 1, 1, 1, 1, 1, 1, 1, 1, 1, 1,
1,
26.        1, 1, 1, 1, 1, 1, 1, 1, 1, 1, 1, 1, 1, 1, 1, 1, 1, 1, 1, 1, 1,
1,
27.        1, 1, 1, 1])
28. >>> labels[70:140]
29. array([2, 2, 2, 2, 2, 2, 2, 2, 2, 2, 2, 2, 2, 2, 2, 2, 2, 2, 2, 2,
2, 2,
30.        2, 2, 2, 2, 2, 2, 2, 2, 2, 2, 2, 2, 2, 2, 2, 2, 2, 2, 2, 2, 2,
2,
31.        2, 2, 2, 2, 2, 2, 2, 2, 2, 2, 2, 2, 2, 2, 2, 2, 2, 2, 2, 2, 2,
2,
32.        2, 2, 2, 2])
33. >>> labels[140:210]
34. array([3, 3, 3, 3, 3, 3, 3, 3, 3, 3, 3, 3, 3, 3, 3, 3, 3, 3, 3, 3,
3, 3,
35.        3, 3, 3, 3, 3, 3, 3, 3, 3, 3, 3, 3, 3, 3, 3, 3, 3, 3, 3, 3, 3,
3,
36.        3, 3, 3, 3, 3, 3, 3, 3, 3, 3, 3, 3, 3, 3, 3, 3, 3, 3, 3, 3, 3,
3,
37.        3, 3, 3, 3])
38.
```

X是种子特征数据，我们将使用K-Means算法对X进行聚类。labels是种子的实际类标记，其中前面70个实例为一类，中间70个实例为一类，最后70个实例为一类。我们将labels作为参考模型给出分簇结果，用来评估算法性能。

8.4.2　模型训练与测试

因为实际种子类别数为3，我们就令K=3，其他参数使用默认值来创建模型：

```
1. >>> from kmeans_pp import KMeans
2. >>> kmeans = KMeans(3)
```

K-Means和kNN一样，没有显式的训练过程，可直接对数据集进行分簇：

```
1.  >>> labels_pred = kmeans.predict(X)
2.  >>> labels_pred
3.  array([0, 0, 0, 0, 0, 0, 0, 0, 0, 0, 0, 0, 0, 0, 0, 0, 1, 0, 0, 1,
0, 0,
4.         0, 0, 0, 0, 1, 0, 0, 0, 0, 0, 0, 0, 0, 0, 0, 2, 0, 1, 0, 0, 0,
0,
5.         0, 0, 0, 0, 0, 0, 0, 0, 0, 0, 0, 0, 0, 0, 0, 0, 1, 1, 1, 1, 0,
0,
6.         0, 0, 0, 1, 2, 2, 2, 2, 2, 2, 2, 2, 2, 2, 2, 2, 2, 2, 2, 2, 2,
2,
7.         2, 2, 2, 2, 2, 2, 2, 2, 2, 2, 2, 2, 0, 2, 2, 2, 2, 2, 2, 2, 2,
2,
8.         2, 2, 2, 2, 2, 2, 2, 2, 2, 2, 2, 2, 0, 2, 0, 2, 2, 2, 2, 2, 2,
2,
9.         0, 0, 0, 0, 2, 0, 0, 0, 1, 1, 1, 1, 1, 1, 1, 1, 1, 1, 1, 1, 1,
1,
10.        1, 1, 1, 1, 1, 1, 1, 1, 1, 1, 1, 1, 1, 1, 1, 1, 1, 1, 1, 1, 1,
1,
11.        1, 1, 1, 0, 1, 1, 1, 1, 1, 1, 1, 1, 1, 1, 1, 1, 1, 1, 1, 1, 1,
1,
12.        1, 1, 1, 0, 1, 1, 1, 1, 1, 1, 1, 1])
```

我们得出了以上的分簇结果。大体上看，K-Means算法把数据集中的实例分为前面一簇、中间一簇、后面一簇，与labels中的实际分类一致，这表明分簇结果不算太糟糕。

下一步，我们通过外部指标ARI衡量算法性能，调用sklearn中的adjusted_rand_score函数计算ARI：

```
1.  >>> from sklearn.metrics import adjusted_rand_score
2.  >>> ari = adjusted_rand_score(labels, labels_pred)
3.  >>> ari
4.  0.7166198557361053
```

再来考查另一个外部指标FM，利用sklearn中的fowlkes_mallows_score函数计算FM：

```
1.  >>> from sklearn.metrics import fowlkes_mallows_score
2.  >>> fm = fowlkes_mallows_score(labels, labels_pred)
3.  >>> fm
4.  0.8106151670655932
```

ARI为0.717，FM为0.811，这样的性能还不错。

因为K-Means和kNN同样是基于距离计算的，所以各特征尺寸的差异可能会影响算法性能。这一次，我们先对各特征进行标准化处理，再进行聚类，看性能是否有所提升：

```
1.  >>> from sklearn.preprocessing import StandardScaler
2.  >>> ss = StandardScaler()
3.  >>> X_std = ss.fit_transform(X)
4.  >>> kmeans = KMeans(3)
5.  >>> labels_pred = kmeans.predict(X_std)
6.  >>> labels_pred
7.  array([0, 0, 0, 0, 0, 0, 0, 0, 2, 0, 0, 0, 0, 0, 0, 0, 0, 0, 0, 1,
0, 0,
8.          0, 0, 0, 0, 0, 0, 0, 0, 0, 0, 0, 0, 0, 0, 0, 2, 0, 0, 0, 0, 0,
0,
9.          0, 0, 0, 0, 0, 0, 0, 0, 0, 0, 0, 0, 0, 0, 0, 1, 1, 1, 0, 1, 0,
0,
10.         0, 0, 0, 1, 2, 2, 2, 2, 2, 2, 2, 2, 2, 2, 2, 2, 2, 2, 2, 2, 2,
2,
11.         2, 2, 2, 2, 2, 2, 2, 2, 2, 2, 2, 2, 2, 2, 2, 2, 2, 2, 2, 2, 2,
2,
12.         2, 2, 2, 2, 2, 2, 2, 2, 2, 2, 2, 2, 2, 2, 0, 2, 2, 2, 2, 2, 2,
2,
13.         0, 2, 2, 0, 2, 0, 0, 2, 1, 1, 1, 1, 1, 1, 1, 1, 1, 1, 1, 1, 1,
1,
14.         1, 1, 1, 1, 1, 1, 1, 1, 1, 1, 1, 0, 1, 1, 1, 1, 1, 1, 1, 1, 1,
1,
15.         1, 1, 1, 1, 1, 1, 1, 1, 1, 1, 1, 1, 1, 1, 1, 1, 1, 1, 1, 1, 1,
0,
16.         1, 0, 1, 0, 1, 1, 1, 1, 1, 1, 1, 1])
17. >>> ari = adjusted_rand_score(labels, labels_pred)
18. >>> ari
19. 0.7732937360806309
20. >>> fm = fowlkes_mallows_score(labels, labels_pred)
21. >>> fm
22. 0.8481755834600894
```

可以看到，对各特征进行标准化处理后，ARI和FM分别提升到了77.3%和84.8%。

到此，我们K-Means聚类的项目完成了。

第9章

人工神经网络

人工神经网络（Artificial Neural Network，ANN）是在受到了生物学的启发后创建的，在某种程度上它是对生物大脑的一种模拟。 生物的大脑是由相互连接的神经元组成的极其复杂的网络，人们仿照生物神经网络的结构，使用简单运算单元模拟神经元，并将大量运算单元按某种形式密集连接，便构成了人工神经网络。

9.1 神经网络

9.1.1 人造神经元

模拟生物神经元的运算单元被称为人造神经元，它可以接收多个实数值输入，并产生单一实数值的输出。生物神经元在特性上可看成一个输出为1或0的逻辑单元，一个神经元内的电位高于某个阈值时神经元“兴奋”起来，向与其连接的其他神经元发送化学物质，呈现“导通”状态（输出1）；反之，神经元“抑制”，呈现“断开”状态（输出0）。

图9-1所示为人造神经元的结构。

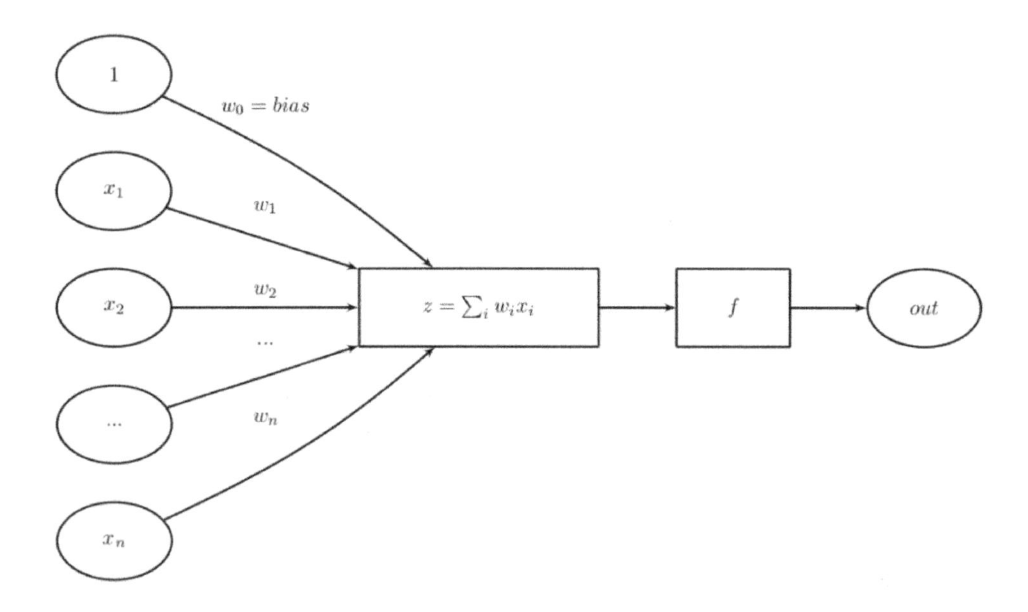

图 9-1

人造神经元可以接收n个实数值输入$x_1, x_2, \dots, x_n$，它们构成输入向量 x。输入的下一级是一个线性单元（线性函数），它有n+1个参数，包括与各输入对应的n个权重$w_1, w_2, \dots, w_n$，外加一个偏置 $bias$。当输入为向量 x 时，线性单元的输出为：

$$z(x) = \sum_{i=1}^{n} w_i x_i + bias$$

$z(x)$ 也被称为网络输入或净输入。为了表达方便，通常令 $w_0 = bias$，并为输入向量添加一个值为1的特征 x_0，此时输出为：

$$z(x) = \sum_{i=0}^{n} w_i x_i$$

可以看出，$\sum_{i=1}^{n} w_i x_i$ 便是对神经元的电位水平的模拟，而 $-bias$ 则是阈值。$z(x) > 0$ 表明电位超过阈值，$z(x) < 0$ 则表明电位没有超过阈值。

线性单元的单值输出会送给下一级激活单元（激活函数），激活单元根据电位与阈值的比较情况，模拟神经元的“导通”或“断开”状态。换句话说，就是激活函数 f 是 $z(x)$ 的函数，$z(x) > 0$ 时应输出状态“导通”，反之则输出状态“断开”。

理想情况下的激活函数为阶跃函数：

$$f(z) = \begin{cases} 1 & if\ z > 0 \\ 0 & otherwise \end{cases}$$

其函数图像如图9-2所示。

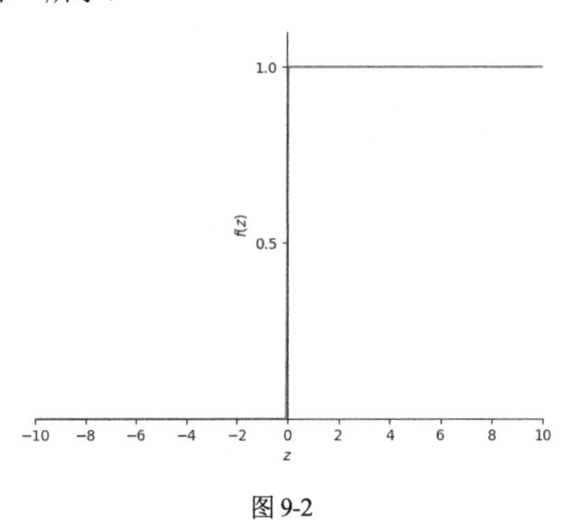

图 9-2

阶跃函数有一个缺点：由于阶跃点的存在，因此它不是连续可微分的，这使得优化参数变得困难（不能使用梯度下降这类算法）。我们希望找一个输入输出特性上与阶跃函数近似，但可微分的连续函数作为激活函数。 最常用的一种激活函数是Logistic函数（一种Sigmoid函数）：

$$\sigma(z) = \frac{1}{1 + e^{-z}}$$

其函数图像如图9-3所示。

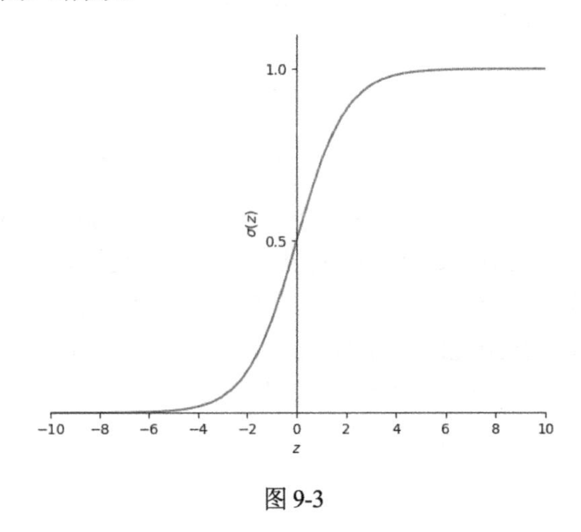

图 9-3

Sigmoid 函数把非常大的输入值域映射到一个小的输出范围，函数曲线总体上与阶跃函数近似。另外，Sigmoid 函数还有一个很好的数学特性，$\sigma(z)$ 的一阶导数形式简单，并且是 $\sigma(z)$ 的函数：

$$\frac{d\sigma(z)}{dz} = \sigma(z)(1 - \sigma(z))$$

后面我们使用随机梯度下降算法训练神经网络时，会用到上面的导数计算式。除了Sigmoid函数以外，其他经常使用的激活函数有tanh、ReLu、SoftPlus等，这里不再详细介绍。在本章中，我们使用Sigmoid函数作为激活函数。

一个人造神经元的输出就是Sigmoid函数的输出，最终得到神经元的输出函数为：

$$\begin{aligned} o(x) &= \sigma(z(x)) \\ &= \frac{1}{1 + e^{-z(x)}} \\ &= \frac{1}{1 + e^{-\sum_{i=0}^{n} w_i x_i}} \end{aligned}$$

实际上，以上大部分内容我们已在第2章学习过，一个人造神经单元可以看作一个Logistic回归模型。

9.1.2　神经网络

大量人工神经元按层级结构连接起来便构成了神经网络， 通常一个神经网络包含：

- 一个输入层。
- 一个或多个隐藏层。
- 一个输出层。

图9-4所示为一个典型的三层神经网络。

在神经网络中，一个人造神经单元我们称为一个节点。前一层节点的输出作为后一层节点的输入。以上网络中，输入层有3个输入节点，外加一个偏置项（x_0）；仅有一个隐藏层，有3个隐藏节点，外加一个偏置项；输出层有两个输出节点。复杂的网络可以包含多个隐藏层，但连接方式是一致的。

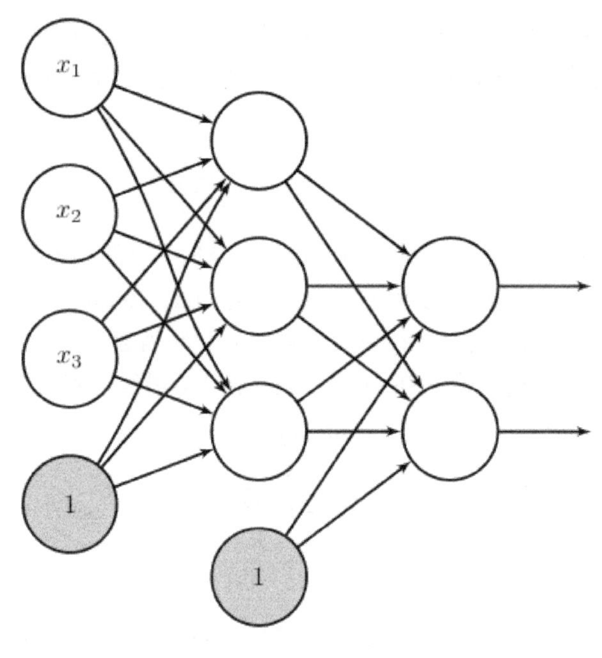

图 9-4

9.2 反向传播算法

一个结构确定的神经网络，其模型参数为由所有权值 w_{ji}（i节点到 j 节点对应的权值）构成的巨大向量 w。训练神经网络的过程可视为在权向量空间中搜索，使得训练误差最小的 w。

神经网络在训练集 D 上的训练误差通常可以使用平方误差度量：

$$E(w)=\frac{1}{2}\sum_{d\in D}\sum_{k\in ouputs}(y_{dk}-o_{dk})^2$$

其中 d 为数据集D中的样本，$outputs$ 为输出节点的集合，o_{dk} 为输出节点k的输出值（预测值），y_{dk} 为相应目标值（实际值）。

由于单个神经元的输出函数是连续可微分的，因此 $E(w)$ 也是连续可微分的。我们可以使用梯度下降算法寻找使得训练误差最小的 w。反向传播算法就是利用梯度下降反向逐层（从输出层开始，然后最后一个隐藏层，接着倒数第二个隐藏层……）更新网络中所有 w_{ji}。对于复杂的网络，由于权值很大，计算开销很大，因此通常使用随机梯度下降算法进行训练，即每步只使用一个样本计算梯度更新权值。

下面推导 w_{ji} 的更新法则，分两种情形讨论：

（1）输出节点的权值更新。
（2）隐藏节点的权值更新。

9.2.1　输出节点的权值更新

反向传播首先从输出节点的权值更新开始。对于训练集 D 中单个样本 d 的训练误差为：

$$E_d(w) = \frac{1}{2}\sum_{k\in outputs}(y_k - o_k)^2$$

其中，o_k 为输出节点k的输出值（预测值），y_k 为相应目标值（实际值）。

设隐藏节点 i 到输出节点 j 的权重为 w_{ji}，计算梯度需求偏导数 $\frac{\partial E_d}{\partial w_{ji}}$，这就要考虑 w_{ji} 的变化如何影响 E_d，具体如下：

（1）节点j的净输入 z_j 是 w_{ji} 的函数，w_{ji} 的变化首先导致 z_j 变化。
（2）节点j的输出 o_j 是 z_j 的函数，z_j 变化又导致 o_j 变化。
（3）E_d 是 o_j 的函数，o_j 变化最终导致 E_d 变化。

由以上推理得知，我们可应用链式求导法则计算偏导数$\frac{\partial E_d}{\partial w_{ji}}$：

$$\begin{aligned}\frac{\partial E_d}{\partial w_{ji}} &= \frac{\partial E_d}{\partial z_j}\cdot\frac{\partial z_j}{\partial w_{ji}} \\ &= \frac{\partial E_d}{\partial o_j}\cdot\frac{\partial o_j}{\partial z_j}\cdot\frac{\partial z_j}{\partial w_{ji}}\end{aligned}$$

分别计算上式中3个偏导数：

$$\frac{\partial E_d}{\partial o_j} = \frac{1}{2}\cdot\frac{\partial\sum_{k\in outputs}(y_k - o_k)^2}{\partial o_j} = -(y_j - o_j)$$

$$\frac{\partial o_j}{\partial z_j} = \frac{\partial\sigma(z_j)}{\partial z_j} = \frac{\partial\frac{1}{1+e^{-z_j}}}{\partial z_j} = o_j\cdot(1 - o_j)$$

$$\frac{\partial z_j}{\partial w_{ji}} = \frac{\partial\sum_{k\in outputs} w_{jk}x_{jk}}{\partial w_{ji}} = x_{ji}$$

为了方便表达，令：

$$\delta_j = -\frac{\partial E_d}{\partial z_j} = -\frac{\partial E_d}{\partial o_j} \cdot \frac{\partial o_j}{\partial z_j} = (y_j - o_j) \cdot o_j \cdot (1 - o_j)$$

此时，得到了 $\frac{\partial E_d}{\partial w_{ji}}$ 的计算公式为：

$$\frac{\partial E_d}{\partial w_{ji}} = -\delta_j x_{ji}$$

设随机梯度下降的学习率为 η，更新权值 w_{ji} 的增量为：

$$\Delta w_{ji} = \eta \delta_j x_{ji}$$

输出节点权值 w_{ji} 的更新法则为：

$$w_{ji} := w_{ji} + \Delta w_{ji}$$

9.2.2 隐藏节点的权值更新

设节点 i（输入节点或隐藏节点）到最后一个隐藏层节点 j 的权重为 w_{ji}。即便是隐藏层节点E_d、o_j、z_j、w_{ji} 之间的函数关系仍为：E_d是节点输出 o_j 的函数，o_j 是净输入z_j 的函数，z_j 是 w_{ji} 的函数。因此偏导数$\frac{\partial E_d}{\partial w_{ji}}$仍可分解为：

$$\frac{\partial E_d}{\partial w_{ji}} = \frac{\partial E_d}{\partial o_j} \cdot \frac{\partial o_j}{\partial z_j} \cdot \frac{\partial z_j}{\partial w_{ji}}$$

其中，$\frac{\partial o_j}{\partial z_j}$ 和 $\frac{\partial z_j}{\partial w_{ji}}$的计算过程和结果与之前的输出节点完全相同，仍为：

$$\frac{\partial o_j}{\partial z_j} = \frac{\partial \sigma(z_j)}{\partial z_j} = \frac{\partial \frac{1}{1+e^{-z_j}}}{\partial z_j} = o_j \cdot (1 - o_j)$$

$$\frac{\partial z_j}{\partial w_{ji}} = \frac{\partial \sum_{k \in outputs} w_{jk} x_{jk}}{\partial w_{ji}} = x_{ji}$$

$\frac{\partial E_d}{\partial o_j}$ 的计算与之前的输出节点有所不同，因为隐藏节点是通过下一层每一个节点的净输入 z_k 间接影响 E_d 的，即每一个 z_k 都是 o_j 的函数，E_d 是所有 z_k 的函数。设 $downstream$ 为节点 j 下一层所有节点的集合，根据多元复合函数求导法则，得：

$$\frac{\partial E_d}{\partial o_j} = \sum_{k \in downstream} \frac{\partial E_d}{\partial z_k} \cdot \frac{\partial z_k}{\partial o_j}$$

其中，o_j 为节点 j 到下一层节点 k 的输入 x_{kj}，因此：

$$\frac{\partial z_k}{\partial o_j} = w_{kj}$$

再来观察 $\frac{\partial E_d}{\partial z_k}$，它正是下一层节点k的 $-\delta_k$，由此可以推出隐藏层节点 δ_j 的计算公式：

$$\begin{aligned}\delta_j &= -\frac{\partial E_d}{\partial z_j} \\ &= -\frac{\partial E_d}{\partial o_j} \cdot \frac{\partial o_j}{\partial z_j} \\ &= -o_j \cdot (1 - o_j) \cdot \frac{\partial E_d}{\partial o_j} \\ &= o_j \cdot (1 - o_j) \cdot \sum_{k \in downstream} \delta_k w_{kj}\end{aligned}$$

此时，得到了 $\frac{\partial E_d}{\partial w_{ji}}$ 的计算公式为：

$$\frac{\partial E_d}{\partial w_{ji}} = -\delta_j x_{ji}$$

设随机梯度下降的学习率为 η，更新权值 w_{ji} 的增量为：

$$\Delta w_{ji} = \eta \, \delta_j x_{ji}$$

隐藏节点权值 w_{ji} 的更新法则为：

$$w_{ji} := w_{ji} + \Delta w_{ji}$$

经过上述推导我们发现，输出节点和隐藏节点 Δw_{ji} 的计算在形式上是统一的，只是 δ_j 的计算方法不同。

- 输出节点的 δ_j 可直接计算：

$$\delta_j = (y_j - o_j) \cdot o_j \cdot (1 - o_j)$$

- 隐藏节点的 δ_j 依赖于下一层每一个节点的 δ_k：

$$\delta_j = o_j \cdot (1 - o_j) \cdot \sum_{k \in downstream} \delta_k w_{kj}$$

所以，我们首先需要计算输出层所有节点的 δ，然后倒序依次计算每一个隐藏层所有节点的 δ，这便是“反向传播”的由来。最终所有节点的 δ 都计算出来了，之后使用它们计算各节点的 Δw 并更新权值。

9.3 算法实现

神经网络既可用于处理分类问题，又可用于处理回归问题。之前我们是以处理分类问题为假设进行讲解的。但实际上，处理分类问题与处理回归问题，神经网络的结构仅在输出层略有差别：

- 对于分类问题，几元分类问题就有几个输出节点，每个节点对应一个类别。预测时，哪个节点输出值最大，该节点的输出编码为 1，其他节点的输出编码为 0，模型最终输出一个二进制编码。
- 对于回归问题，需输出连续实数值（通常只有一个输出值），此时输出节点的激活单元将被去除，线性单元的输出值直接作为模型的最终输出。

对于反向传播算法，二者的差异仅在于输出节点 δ 的计算。

- 分类问题：$\delta_j = (y_j - o_j) \cdot o_j \cdot (1 - o_j)$。
- 回归问题：$\delta_j = y_j - o_j$。

9.3.1 神经网络分类器

我们先来实现一个神经网络分类器，代码如下：

```
1.  import numpy as np
2.
3.  class ANNClassifier:
4.      def __init__(self, hidden_layer_sizes=(30, 30), eta=0.01,
max_iter=500, tol=0.001):
5.          '''构造器'''
6.
7.          # 各隐藏层节点的个数
8.          self.hidden_layer_sizes = hidden_layer_sizes
9.          # 随机梯度下降的学习率
10.         self.eta = eta
11.         # 随机梯度下降最大迭代次数
12.         self.max_iter = max_iter
13.         # 误差阈值
14.         self.tol = tol
15.
```

```
16.     def _sigmoid(self, z):
17.         '''激活函数， 计算节点输出'''
18.         return 1. / (1. + np.exp(-z))
19.
20.     def _z(self, x, W):
21.         '''加权求和，计算节点净输入'''
22.         return np.matmul(x, W)
23.
24.     def _error(self, y, y_predict):
25.         '''计算误差(mse)'''
26.         return np.sum((y - y_predict) ** 2) / len(y)
27.
28.     def _backpropagation(self, X, y):
29.         '''反向传播算法(基于随机梯度下降)'''
30.
31.         m, n = X.shape
32.         _, n_out = y.shape
33.
34.         # 获得各层节点个数元组 layer_sizes 以及总层数 layer_n
35.         layer_sizes = self.hidden_layer_sizes + (n_out,)
36.         layer_n = len(layer_sizes)
37.
38.         # 对于每一层，将所有节点的权向量(以列向量形式)存为一个矩阵，
            保存至 W_list
39.         W_list = []
40.         li_size = n
41.         for lj_size in layer_sizes:
42.             W = np.random.rand(li_size + 1, lj_size) * 0.05
43.             W_list.append(W)
44.             li_size = lj_size
45.
46.         # 创建运行梯度下降时所使用的列表
47.         in_list     = [None] * layer_n
48.         z_list      = [None] * layer_n
49.         out_list    = [None] * layer_n
50.         delta_list  = [None] * layer_n
51.
52.         # 随机梯度下降
```

```
    53.         idx = np.arange(m)
    54.         for _ in range(self.max_iter):
    55.             # 随机打乱训练集
    56.             np.random.shuffle(idx)
    57.             X, y = X[idx], y[idx]
    58.
    59.             for x, t in zip(X, y):
    60.                 # 单个样本作为输入，运行神经网络
    61.                 out = x
    62.                 for i in range(layer_n):
    63.                     # 第 i-1 层输出添加 x0=1， 作为第 i 层输入
    64.                     in_ = np.ones(out.size + 1)
    65.                     in_[1:] = out
    66.                     # 计算第 i 层所有节点的净输入
    67.                     z = self._z(in_, W_list[i])
    68.                     # 计算第 i 层各节点输出值
    69.                     out = self._sigmoid(z)
    70.                     # 保存第 i 层各节点的输入，净输入，输出
    71.                     in_list[i], z_list[i], out_list[i] = in_, z, out
    72.
    73.                 # 反向传播计算各层节点 delta
    74.                 # 输出层
    75.                 delta_list[-1] = out * (1. - out) * (t - out)
    76.                 # 隐藏层
    77.                 for i in range(layer_n - 2, -1, -1):
    78.                     out_i, W_j, delta_j = out_list[i], W_list[i+1],
delta_list[i+1]
    79.                     delta_list[i] = out_i * (1. - out_i) *
np.matmul(W_j[1:], delta_j[:, None]).T[0]
    80.
    81.                 # 更新所有节点的权
    82.                 for i in range(layer_n):
    83.                     in_i, delta_i = in_list[i], delta_list[i]
    84.                     W_list[i] += in_i[:, None] * delta_i * self.eta
    85.
    86.             # 计算训练误差
    87.             y_pred = self._predict(X, W_list)
    88.             err = self._error(y, y_pred)
```

```
89.
90.             # 判断收敛(误差是否小于阈值)
91.             if err < self.tol:
92.                 break
93.
94.         # 返回训练好的权矩阵列表
95.         return W_list
96.
97.     def train(self, X, y):
98.         '''训练'''
99.
100.         # 调用反向传播算法训练神经网络中所有节点的权
101.         self.W_list = self._backpropagation(X, y)
102.
103.     def _predict(self, X, W_list, return_bin=False):
104.         '''预测内部接口'''
105.
106.         layer_n = len(W_list)
107.
108.         out = X
109.         for i in range(layer_n):
110.             # 第 i-1 层输出添加 x0=1，作为第 i 层输入
111.             m, n = out.shape
112.             in_ = np.ones((m, n + 1))
113.             in_[:, 1:] = out
114.             # 计算第 i 层所有节点的净输入
115.             z = self._z(in_, W_list[i])
116.             # 计算第 i 层所有节点输出值
117.             out = self._sigmoid(z)
118.
119.         # 是否返回二进制编码的类标记
120.         if return_bin:
121.             # 输出最大的节点输出编码为 1，其他节点输出编码为 0
122.             idx = np.argmax(out, axis=1)
123.             out_bin = np.zeros_like(out)
124.             out_bin[range(len(idx)), idx] = 1
125.             return out_bin
126.
```

```
127.            return out
128.
129.        def predict(self, X):
130.            '''预测'''
131.            return self._predict(X, self.W_list, return_bin=True)
```

上述代码简要说明如下（详细内容参看代码注释）。

- __init__()方法：构造器方法，保存用户传入的超参数，包括：
  - 各隐藏层节点个数 hidden_layer_sizes。
  - 梯度下降的学习率 eta。
  - 梯度下降的迭代最大次数 max_iter。
  - 用于判断收敛的误差阈值 tol。
- _label_binarize()方法：用于将 int 型的类标记转换成“1 of n”形式的编码。对于分类问题，神经网络的每一个输出节点对应一个类别，这就要求训练数据的类标记是“1 of n”形式的编码（如 1000、0100、0010、0001），但通常训练数据集提供的类标记是 int 类型的数字（如 1、2、3、4）。
- _z()方法：实现线性函数 $z(x) = \sum_{i=0}^{n} w_i x_i$。
- _sigmoid()方法：实现激活函数 $\sigma(z) = \frac{1}{1+e^{-z}}$。
- _error()方法：计算 MSE 的误差函数。
- _backpropagation()方法：基于随机梯度下降的反向传播算法（详见代码注释）。
- train()方法：训练模型。内部调用_backpropagation()方法训练模型，并保存模型参数。
- _predict()方法：预测的内部接口，可返回包括 n 个输出节点的输出值的向量，也可返回二进制编码的类标记。
- preidct()方法：预测的用户接口。内部以参数 return_bin = True 调用_predict()方法，为用户返回二进制编码的类标记，即预测值。

9.3.2 神经网络回归器

在神经网络分类器的基础上，稍作修改便可得到神经网络回归器，代码如下：

```
1.  import numpy as np
2.
3.  class ANNRegressor:
4.      def __init__(self, hidden_layer_sizes=(30, 30), eta=0.01,
max_iter=500, tol=0.001):
```

```
5.          '''构造器方法'''
6.          # 各隐藏层节点个数
7.          self.hidden_layer_sizes = hidden_layer_sizes
8.          # 随机梯度下降的学习率
9.          self.eta = eta
10.         # 随机梯度下降最大迭代次数
11.         self.max_iter = max_iter
12.         # 误差阈值
13.         self.tol = tol
14.
15.     def _sigmoid(self, z):
16.         '''激活函数，计算节点输出'''
17.         return 1. / (1. + np.exp(-z))
18.
19.     def _z(self, x, W):
20.         '''加权求和，计算节点净输入'''
21.         return np.matmul(x, W)
22.
23.     def _error(self, y, y_predict):
24.         '''计算误差(mse)'''
25.         return np.sum((y - y_predict) ** 2) / len(y)
26.
27.     def _backpropagation(self, X, y):
28.         '''反向传播算法(基于随机梯度下降)'''
29.         m, n = X.shape
30.         _, n_out = y.shape
31.
32.         # 获得各层节点个数元组 layer_sizes 以及总层数 layer_n
33.         layer_sizes = self.hidden_layer_sizes + (n_out,)
34.         layer_n = len(layer_sizes)
35.
36.         # 对于每一层，将所有节点的权向量(以列向量形式)存为一个矩阵，
              保存至 W_list
37.         W_list = []
38.         li_size = n
39.         for lj_size in layer_sizes:
40.             W = np.random.rand(li_size + 1, lj_size) * 0.05
41.             W_list.append(W)
```

```
42.             li_size = lj_size
43.
44.         # 创建运行梯度下降时所使用的列表
45.         in_list     = [None] * layer_n
46.         z_list      = [None] * layer_n
47.         out_list    = [None] * layer_n
48.         delta_list  = [None] * layer_n
49.
50.         # 随机梯度下降
51.         idx = np.arange(m)
52.         for _ in range(self.max_iter):
53.             # 随机打乱训练集
54.             np.random.shuffle(idx)
55.             X, y = X[idx], y[idx]
56.
57.             for x, t in zip(X, y):
58.                 # 单个样本作为输入，运行神经网络
59.                 out = x
60.                 for i in range(layer_n):
61.                     # 第 i-1 层输出添加 x0=1，作为第 i 层输入
62.                     in_ = np.ones(out.size + 1)
63.                     in_[1:] = out
64.                     # 计算第 i 层所有节点的净输入
65.                     z = self._z(in_, W_list[i])
66.                     # 计算第 i 层各节点输出值
67.                     if i != layer_n - 1:
68.                         out = self._sigmoid(z)
69.                     else:
70.                         out = z
71.                     # 保存第 i 层各节点的输入、净输入、输出
72.                     in_list[i], z_list[i], out_list[i] = in_, z, out
73.
74.                 # 反向传播计算各层节点 delta
75.                 # 输出层
76.                 delta_list[-1] = t - out
77.                 # 隐藏层
78.                 for i in range(layer_n - 2, -1, -1):
```

```
79.                     out_i, W_j, delta_j = out_list[i], W_list[i+1],
delta_list[i+1]
80.                     delta_list[i] = out_i * (1. - out_i) *
np.matmul(W_j[1:], delta_j[:, None]).T[0]
81.
82.                 # 更新所有节点的权
83.                 for i in range(layer_n):
84.                     in_i, delta_i = in_list[i], delta_list[i]
85.                     W_list[i] += in_i[:, None] * delta_i * self.eta
86.
87.             # 计算训练误差
88.             y_pred = self._predict(X, W_list)
89.             err = self._error(y, y_pred)
90.
91.             # 判断收敛(误差是否小于阈值)
92.             if err < self.tol:
93.                 break
94.
95.         # 返回训练好的权矩阵列表
96.         return W_list
97.
98.     def train(self, X, y):
99.         '''训练'''
100.        # 调用反向传播算法训练神经网络中所有节点的权
101.        self.W_list = self._backpropagation(X, y)
102.
103.    def _predict(self, X, W_list):
104.        '''预测内部接口'''
105.        layer_n = len(W_list)
106.
107.        out = X
108.        for i in range(layer_n):
109.            # 第 i-1 层输出添加 x0=1，作为第 i 层输入
110.            m, n = out.shape
111.            in_ = np.ones((m, n + 1))
112.            in_[:, 1:] = out
113.            # 计算第 i 层所有节点的净输入
114.            z = self._z(in_, W_list[i])
```

```
115.                # 计算第 i 层所有节点的输出值
116.                if i != layer_n - 1:
117.                    out = self._sigmoid(z)
118.                else:
119.                    out = z
120.
121.            return out
122.
123.        def predict(self, X):
124.            '''预测'''
125.            return self._predict(X, self.W_list)
```

可以看出绝对部分代码与之前的ANNClassifier完全一样，ANNRegressor的主要改动如下：

（1）对于输出节点内部去掉了激活函数，直接使用z作为输出值。

（2）输出节点delta计算改为： $\delta_j = y_j - o_j$。

为方便读者看出ANNClassifier与ANNRegressor之间的差异，给出对比二者的diff文件：

```
1. --- ann_classification.py   2018-11-26 12:42:39.681165937 +0800
2. +++ ann_regression.py   2018-11-26 12:54:47.929712424 +0800
3. @@ -1,6 +1,6 @@
4.  import numpy as np
5.
6. -class ANNClassifier:
7. +class ANNRegressor:
8.      def __init__(self, hidden_layer_sizes=(30, 30), eta=0.01, 
max_iter=500, tol=0.001):
9.          '''构造器方法'''
10.         # 各隐藏层的节点个数
11. @@ -64,13 +64,16 @@
12.                 # 计算第 i 层所有节点的净输入
13.                 z = self._z(in_, W_list[i])
14.                 # 计算第 i 层各节点输出值
15. -               out = self._sigmoid(z)
16. +               if i != layer_n - 1:
17. +                   out = self._sigmoid(z)
18. +               else:
```

```
19. +                   out = z
20.                 # 保存第 i 层各节点的输入、净输入、输出
21.                 in_list[i], z_list[i], out_list[i] = in_, z, out
22.
23.             # 反向传播计算各层节点 delta
24.             # 输出层
25. -           delta_list[-1] = out * (1. - out) * (t - out)
26. +           delta_list[-1] = t - out
27.             # 隐藏层
28.             for i in range(layer_n - 2, -1, -1):
29.                 out_i, W_j, delta_j = out_list[i], W_list[i+1],
delta_list[i+1]
30. @@ -97,7 +100,7 @@
31.         # 调用反向传播算法训练神经网络中所有节点的权
32.         self.W_list = self._backpropagation(X, y)
33.
34. -   def _predict(self, X, W_list, return_bin=False):
35. +   def _predict(self, X, W_list):
36.         '''预测内部接口'''
37.         layer_n = len(W_list)
38.
39. @@ -110,45 +113,61 @@
40.             # 计算第 i 层所有节点的净输入
41.             z = self._z(in_, W_list[i])
42.             # 计算第 i 层所有节点输出值
43. -           out = self._sigmoid(z)
44. -
45. -       # 是否返回 int 型的二进制编码(类标记)
46. -       if return_bin:
47. -           # 将输出最大的节点输出置为 1 其他节点输出置为 0
48. -           idx = np.argmax(out, axis=1)
49. -           out_bin = np.zeros_like(out)
50. -           out_bin[range(len(idx)), idx] = 1
51. -           return out_bin
52. +           if i != layer_n - 1:
53. +               out = self._sigmoid(z)
54. +           else:
55. +               out = z
```

```
56.
57.          return out
58.
59.      def predict(self, X):
60.          '''预测'''
61. -        return self._predict(X, self.W_list, return_bin=True)
62. +        return self._predict(X, self.W_list)
```

9.4 项目实战

我们来做使用神经网络处理分类问题的项目：使用神经网络分类器识别图片中的手写数字（0～9）。

手写数字数据集如图9-5所示（http://archive.ics.uci.edu/ml/datasets/Optical+Recognition+of+Handwritten+Digits）。

图 9-5

数据集中每一个样本由64个特征（第0~63列）和1个类标记（第64列）构成。其中64个特征是一张8×8手写数字图片中64个像素点的颜色值，每个像素点颜色值取值的范围为0~16；类标记则是图片中的数字值0~9。

读者可使用任意方式将数据集文件下载到本地。

- optdigits.tra：训练集数据文件（3823 个样本）。
  地址：http://archive.ics.uci.edu/ml/machine-learning-databases/optdigits/optdigits.tra。
- optdigits.tes：测试集数据文件（1797 个样本）。
  地址：http://archive.ics.uci.edu/ml/machine-learning-databases/optdigits/optdigits.tes。

9.4.1　准备数据

下面展示训练集数据文件optdigits.tra和测试集数据文件optdigits.tes中的部分内容：

```
    1.  $ # 训练集
    2.  $ head -5 optdigits.tra
    3.  0,1,6,15,12,1,0,0,0,7,16,6,6,10,0,0,0,8,16,2,0,11,2,0,0,5,16,3,
0,5,7,0,0,7,13,3,0,8,7,0,0,4,12,0,1,13,5,0,0,0,14,9,15,9,0,0,0,0,6,14,
7,1,0,0,0
    4.  0,0,10,16,6,0,0,0,0,7,16,8,16,5,0,0,0,11,16,0,6,14,3,0,0,12,12,
0,0,11,11,0,0,12,12,0,0,8,12,0,0,7,15,1,0,13,11,0,0,0,16,8,10,15,3,0,0,0,
10,16,15,3,0,0,0
    5.  0,0,8,15,16,13,0,0,0,1,11,9,11,16,1,0,0,0,0,0,7,14,0,0,0,0,3,4,
14,12,2,0,0,1,16,16,16,16,10,0,0,2,12,16,10,0,0,0,0,0,2,16,4,0,0,0,0,0,9,
14,0,0,0,0,7
    6.  0,0,0,3,11,16,0,0,0,0,5,16,11,13,7,0,0,3,15,8,1,15,6,0,0,11,16,
16,16,16,10,0,0,1,4,4,13,10,2,0,0,0,0,0,15,4,0,0,0,0,0,3,16,0,0,0,0,0,0,1
,15,2,0,0,4
    7.  0,0,5,14,4,0,0,0,0,0,13,8,0,0,0,0,0,3,14,4,0,0,0,0,0,6,16,14,
9,2,0,0,0,4,16,3,4,11,2,0,0,0,14,3,0,4,11,0,0,0,10,8,4,11,12,0,0,0,4,12,1
4,7,0,0,6
    8   .$ # 测试集
    9.  $ head -5 optdigits.tes
    10. 0,0,5,13,9,1,0,0,0,0,13,15,10,15,5,0,0,3,15,2,0,11,8,0,0,4,12,
0,0,8,8,0,0,5,8,0,0,9,8,0,0,4,11,0,1,12,7,0,0,2,14,5,10,12,0,0,0,0,6,13,1
0,0,0,0,0
    11. 0,0,0,12,13,5,0,0,0,0,0,11,16,9,0,0,0,0,3,15,16,6,0,0,0,7,15,
16,16,2,0,0,0,0,1,16,16,3,0,0,0,0,1,16,16,6,0,0,0,0,1,16,16,6,0,0,0,0,0,1
1,16,10,0,0,1
```

```
    12. 0,0,0,4,15,12,0,0,0,0,3,16,15,14,0,0,0,0,8,13,8,16,0,0,0,0,1,6,
15,11,0,0,0,1,8,13,15,1,0,0,0,9,16,16,5,0,0,0,0,3,13,16,16,11,5,0,0,0,0,3
,11,16,9,0,2
    13. 0,0,7,15,13,1,0,0,0,8,13,6,15,4,0,0,0,2,1,13,13,0,0,0,0,0,2,15,
11,1,0,0,0,0,0,1,12,12,1,0,0,0,0,0,1,10,8,0,0,0,8,4,5,14,9,0,0,0,7,13,13,
9,0,0,3
    14. 0,0,0,1,11,0,0,0,0,0,0,7,8,0,0,0,0,0,1,13,6,2,2,0,0,0,7,15,0,9,
8,0,0,5,16,10,0,16,6,0,0,4,15,16,13,16,1,0,0,0,0,3,15,10,0,0,0,0,0,2,16,4
,0,0,4
```

调用Numpy的genfromtxt函数加载数据集：

```
    1. >>> import numpy as np
    2. >>> # 训练集
    3. >>> data_train = np.genfromtxt('optdigits.tra', delimiter=',',
dtype=float)
    4. >>> X_train, y_train = data_train[:, :-1], data_train[:, -1]
    5. >>> X_train
    6. array([[ 0.,  1.,  6., ...,  1.,  0.,  0.],
    7.        [ 0.,  0., 10., ...,  3.,  0.,  0.],
    8.        [ 0.,  0.,  8., ...,  0.,  0.,  0.],
    9.        ...,
    10.       [ 0.,  0.,  3., ...,  9.,  0.,  0.],
    11.       [ 0.,  0.,  6., ..., 16.,  5.,  0.],
    12.       [ 0.,  0.,  2., ...,  0.,  0.,  0.]])
    13. >>> y_train
    14. array([0., 0., 7., ..., 6., 6., 7.])
    15. >>> # 测试集
    16. >>> data_test = np.genfromtxt('optdigits.tes', delimiter=',',
dtype=float)
    17. >>> X_test, y_test = data_test[:, :-1], data_test[:, -1]
    18. >>> X_test
    19. array([[ 0.,  0.,  5., ...,  0.,  0.,  0.],
    20.       [ 0.,  0.,  0., ..., 10.,  0.,  0.],
    21.       [ 0.,  0.,  0., ..., 16.,  9.,  0.],
    22.       ...,
    23.       [ 0.,  0.,  1., ...,  6.,  0.,  0.],
    24.       [ 0.,  0.,  2., ..., 12.,  0.,  0.],
```

```
25.         [ 0.,  0., 10., ..., 12.,  1.,  0.]])
26. >>> y_test
27. array([0., 1., 2., ..., 8., 9., 8.])
```

为提升模型预测准确率，使用sklearn中的StandardScaler对X_train和X_test中各特征进行标准化处理：

```
1.  >>> from sklearn.preprocessing import StandardScaler
2.  >>> ss = StandardScaler()
3.  >>> ss.fit(X_train) # 注意，仅使用训练集进行拟合
4.  StandardScaler(copy=True, with_mean=True, with_std=True)
5.  >>> # 对训练集进行标准化
6.  >>> X_train_std = ss.transform(X_train)
7.  >>> X_train_std
8.  array([[ 0.        ,  0.80596144,  0.11189377, ..., -0.98708887,
9.          -0.52279362, -0.17574055],
10.        [ 0.        , -0.34761048,  0.97563908, ..., -0.64077209,
11.         -0.52279362, -0.17574055],
12.        [ 0.        , -0.34761048,  0.54376642, ..., -1.16024725,
13.         -0.52279362, -0.17574055],
14.        ...,
15.        [ 0.        , -0.34761048, -0.53591522, ...,  0.39817823,
16.         -0.52279362, -0.17574055],
17.        [ 0.        , -0.34761048,  0.11189377, ...,  1.61028695,
18.          0.71859769, -0.17574055],
19.        [ 0.        , -0.34761048, -0.75185155, ..., -1.16024725,
20.         -0.52279362, -0.17574055]])
21. >>> # 对测试集进行标准化
22. >>> X_test_std = ss.transform(X_test)
23. >>> X_test_std
24. array([[ 0.        , -0.34761048, -0.10404256, ..., -1.16024725,
25.         -0.52279362, -0.17574055],
26.        [ 0.        , -0.34761048, -1.18372421, ...,  0.57133662,
27.         -0.52279362, -0.17574055],
28.        [ 0.        , -0.34761048, -1.18372421, ...,  1.61028695,
29.          1.71171073, -0.17574055],
30.        ...,
31.        [ 0.        , -0.34761048, -0.96778788, ..., -0.12129693,
32.         -0.52279362, -0.17574055],
```

```
33.        [ 0.        , -0.34761048, -0.75185155, ...,  0.9176534 ,
34.         -0.52279362, -0.17574055],
35.        [ 0.        , -0.34761048,  0.97563908, ...,  0.9176534 ,
36.         -0.27451536, -0.17574055]])
```

另外，对于分类问题，神经网络的每一个输出节点对应一个类别，这就要求训练数据的类标记是“1 of n”形式的二进制编码（如1000、0100、0010、0001），而目前训练数据集中的类标记是int类型的数字（如0、1、2、3），因此使用sklearn中的LabelBinarizer对y_train进行“1 of n”编码：

```
1.  >>> from sklearn.preprocessing import LabelBinarizer
2.  >>> lb = LabelBinarizer()
3.  >>> y_train_bin = lb.fit_transform(y_train)
4.  >>> y_train_bin
5.  array([[1, 0, 0, ..., 0, 0, 0],
6.         [1, 0, 0, ..., 0, 0, 0],
7.         [0, 0, 0, ..., 1, 0, 0],
8.         ...,
9.         [0, 0, 0, ..., 0, 0, 0],
10.        [0, 0, 0, ..., 0, 0, 0],
11.        [0, 0, 0, ..., 1, 0, 0]])
```

这里由变量lb所引用的LabelBinarizer对象在后面测试时还会用到，因为使用模型预测时，预测值也是“1 of n”编码，我们需要调用lb.inverse_transform方法将它们解码成int类型（0,1,2,...）的类标记。

至此，数据准备完毕。

9.4.2 模型训练与测试

在本项目中，我们创建一个3层神经网络，输入层和输出层分别有64个节点和10个节点，这是由训练数据（64个特征）和分类问题（10个类别）决定的；隐藏层结构可根据需求自行定义，这里使用一个隐藏层，其中包含100个节点。

创建模型，使用参数分别指定：

- hidden_layer_sizes=(100,)　隐藏层结构为 1 层 100 节点。
- eta=0.3　随机梯度下降算法的学习率为 0.3。
- max_iter=500　迭代次数为 500。
- tol=0.00001　判断收敛的误差阈值为 0.00001。

```
1.  >>> from ann_classification import ANNClassifier
2.  >>> clf = ANNClassifier(hidden_layer_sizes=(100,), eta=0.3,
max_iter=500, tol=0.00001)
```

接下来，训练模型：

```
1.  >>> clf.train(X_train_std, y_train_bin)
```

为观察训练过程中误差(err)的变化，读者可在_backpropagation()方法中添加print()函数。以下是作者本机运行clf.train时输出的打印信息：

```
1.      1. err: 0.10610407868483367
2.      2. err: 0.06090878847658832
3.      3. err: 0.04310994945474706
4.      4. err: 0.04194801440871839
5.      5. err: 0.026912241005128432
6.      6. err: 0.026344173712138694
7.      7. err: 0.022869961049322995
8.      8. err: 0.017905733044432787
9.      9. err: 0.016675364390148217
10.    10. err: 0.01680274814269586
11.      ...
12.  490. err: 0.0008135836503267497
13.  491. err: 0.0008135124593996344
14.  492. err: 0.0008134421249387403
15.  493. err: 0.000813371863277569
16.  494. err: 0.0008133019835215787
17.  495. err: 0.0008132325158454372
18.  496. err: 0.0008131634990676783
19.  497. err: 0.0008130944688338107
20.  498. err: 0.0008130259434868773
21.  499. err: 0.0008129577480553408
22.  500. err: 0.0008128899906266146
```

可以看出，前期误差下降的速度比较快，后面则非常缓慢，趋近于收敛。在实验中，如果发现收敛过慢，则可适当提高学习率，如果发现误差呈现出周期性的时增时减，则表明学习率过高（在最低点周围震荡）。

另外，为反向传播算法的权值更新增加冲量项也是一种常用的加快收敛的方法，即将权值更新公式更改为：

$$\Delta w_{ji}^{(n)} = \eta \delta_j x_{ji} + \alpha \Delta w_{ji}^{(n-1)}$$

其中，$\Delta w_{ji}^{(n)}$为第n次迭代时更新权值的增量，$\Delta w_{ji}^{(n-1)}$为第n-1次迭代时更新权值的增量，α 为 [0, 1] 之间的一个常数。这样修改后，第n次迭代时更新权值的增量会部分依赖于第n-1次迭代时更新权值的增量，新增的右面一项被称为冲量项。在之前代码基础上完成这个改进实际上非常简单，只需要每次更新时备份当前的更新权值的增量 $\Delta w_{ji}^{(n)}$，以供下次迭代时使用，读者可以自行尝试。

接下来，使用模型对测试集进行预测：

```
1.  >>> y_pred_bin = clf.predict(X_test_std)
2.  >>> y_pred_bin
3.  array([[1., 0., 0., ..., 0., 0., 0.],
4.         [0., 1., 0., ..., 0., 0., 0.],
5.         [0., 0., 0., ..., 0., 1., 0.],
6.         ...,
7.         [0., 0., 0., ..., 0., 1., 0.],
8.         [0., 0., 0., ..., 0., 0., 1.],
9.         [0., 0., 0., ..., 0., 1., 0.]])
```

目前，得到的预测值是类别的“1 of n”编码，先使用之前拟合的LabelBinarizer对象对y_pred_bin进行解码：

```
1.  >>> from sklearn.metrics import accuracy_score
2.  >>> y_pred = lb.inverse_transform(y_pred_bin)
3.  >>> y_pred
4.  array([0., 1., 8., ..., 8., 9., 8.])
```

现在，y_pred和y_test中的类标记的类型一致了，利用sklearn中的accuracy_score函数计算预测准确率：

```
1.  >>> accuracy = accuracy_score(y_test, y_pred)
2.  >>> accuracy
3.  0.9693934335002783
```

我们训练的3层神经网络，单次测试一下，对手写数字的识别率为96.94%。读者可继续调整超参数对模型性能进行优化，这里不再赘述。

至此，使用神经网络处理分类问题的项目完成了。对于使用神经网络处理回归问题，读者可以使用我们实现的ANNRegressor，在波士顿房屋数据集上进行实验。